AI Agent

AI的下一个风口

吴畏 / 著

電子工業出版社
Publishing House of Electronics Industry
北京•BEIJING

内 容 简 介

本书探讨了 AI 领域的 AI Agent（智能体）和生成式 AI 的前沿进展，以及这些技术如何重塑我们的生活和工作方式。

本书首先回顾了 AI 技术的演变历程，并强调了智能体的定义及其在客户服务、医疗健康和制造业等领域的广泛应用。本书也对智能体与传统软件进行了对比，分析了智能体的自主性、适应性和协作能力。生成式 AI 的崛起也被特别提及，其在艺术创作、数据增强等领域的应用被广泛讨论。本书还探讨了智能体在多智能体系统中的协同作用和具身智能的概念，分析了智能体的商业应用，包括企业级应用与任务规划、流程优化等，同时也指出了智能体在数据隐私、安全和伦理方面面临的挑战。最后，本书展望了智能体技术的未来发展，包括与其他先进技术的结合，认为它们将在更多领域发挥重要作用，为人类社会的进步做出贡献。智能体在未来将与每个人的工作和生活都息息相关。

本书适合所有人阅读，特别是软件开发者和内容创作者，以及科技、金融行业的从业者和对 AI 领域感兴趣的读者。

图书在版编目（CIP）数据

AI Agent：AI 的下一个风口 / 吴畏著. —北京：电子工业出版社，2024.3
ISBN 978-7-121-47460-6

Ⅰ. ①A… Ⅱ. ①吴… Ⅲ. ①人工智能—普及读物 Ⅳ. ①TP18-49

中国国家版本馆 CIP 数据核字（2024）第 051427 号

责任编辑：石 悦
印　　刷：三河市鑫金马印装有限公司
装　　订：三河市鑫金马印装有限公司
出版发行：电子工业出版社
　　　　　北京市海淀区万寿路 173 信箱　　邮编：100036
开　　本：720×1000　1/16　印张：15　字数：216 千字
版　　次：2024 年 3 月第 1 版
印　　次：2024 年 4 月第 2 次印刷
定　　价：69.00 元

凡所购买电子工业出版社图书有缺损问题，请向购买书店调换。若书店售缺，请与本社发行部联系，联系及邮购电话：（010）88254888，88258888。

质量投诉请发邮件至 zlts@phei.com.cn，盗版侵权举报请发邮件至 dbqq@phei.com.cn。

本书咨询联系方式：faq@phei.com.cn。

前　言

在数字化浪潮中，人工智能（AI）已成为推动现代社会前进的强劲引擎。从智能手机的智能助手到自动驾驶汽车的精准导航，AI 技术的应用已经渗透到生活的方方面面。随着技术的飞速发展，我们正站在一个新的转折点上，AI Agent（AI 智能体，简称智能体）作为 AI 技术发展的新风口，正逐渐揭开神秘面纱，预示着一个全新的智能时代到来。

正如比尔·盖茨在"AI is about to completely change how you use computers"一文中所预见的一样，智能体将彻底改变我们与计算机的互动方式。它们将不再是被动的执行者，而是我们生活中的主动参与者，可以理解我们的语言，预测我们的需求，并在多个任务中提供个性化的帮助。这种转变将使我们能够以更自然、更直观的方式与技术互动，极大地提高生活质量和工作效率。

AI 技术的发展是一个充满探索与突破的历程。自 20 世纪 50 年代 AI 概念诞生以来，我们见证了从早期的规则驱动系统到现代的机器学习算法的演变。大数据技术的兴起为我们提供了前所未有的数据量，为 AI 技术的发展提供了肥沃的土壤。机器学习，尤其是深度学习，在图像识别、语音处理和自然语言理解等领域的显著成就，标志着 AI 技术进入了一个新的纪元。

智能体的出现是 AI 技术发展的必然结果。它们能够理解我们的意图并提供个性化服务。这种变革不仅是技术上的飞跃，还是人类与技术互动方式的根本转变。智能体将不再是单一功能的应用程序，而是能够跨平台、跨任务的智能伙伴，可以根据我们的需求和偏好，提供更精准和更高效的帮助。

智能体的核心能力在于其对用户需求的深刻理解。它们能够通过分析用户的在线行为、偏好和历史数据，构建一个丰富的用户画像。在医疗、教育、自动化等领域，智能体展现出了巨大的应用潜力，提供了更人性化的服务。它们还能够在我们授权的情况下，执行一系列复杂的任务，如制订旅行计划、管理日程，甚至进行金融交易，成为我们生活中不可或缺的智能伙伴。

然而，智能体技术的快速发展也带来了伦理和道德问题。这些智能系统在提高效率和便利性的同时，也对就业市场、隐私保护和数据安全提出了新的挑战。如何平衡技术进步与社会稳定，确保技术发展惠及所有人，成了我们必须面对的问题。我们需要制定相应的法律法规，确保智能体技术的发展在伦理和法律的框架内进行，并加强监管，保护用户的权益。

本书旨在为读者提供一个全面的视角，探讨智能体技术的发展历程、当前的状态及未来的潜力。本书不仅关注技术层面的突破，还致力于分析智能体对社会、经济和伦理的深远影响。我希望通过本书，引导读者理解智能体技术的发展不仅是技术的革新，还是人类生活方式和工作模式的变革。

我相信，通过阅读本书，读者不仅能够获得关于智能体的丰富知识，还能够激发对未来技术的思考和创新。让我们一起踏上这次探索之旅，共同见证智能体如何引领我们进入一个更加智能、互联和人性化的未来。正如比尔·盖茨所展望的一样，智能体将成为推动人类社会进步的强大力量，引领我们走向一个更加美好的明天。

吴　畏

2024 年 1 月

目 录

第 2 部分　大模型驱动的智能体

第3部分 下一代软件可以不必是软件

第 6 部分　展望：安全、发展、边界和挑战

第1部分

AI的演进与大模型的兴起

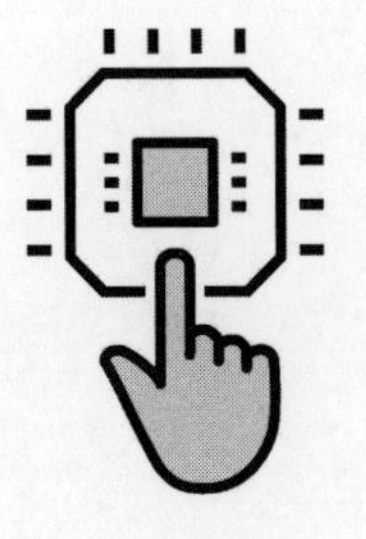

第 1 章　AI 的起源与进化

1.1　从桌面应用到云计算

软件的演变不仅是技术的升华，还是人类探索未知的印迹。自 20 世纪 80 年代个人电脑和软件“联姻”以来，我们见证了办公效率的飞升。20 世纪 90 年代，互联网的翅膀徐徐展开，软件以网络为纽带，编织了全球的信息网。进入 21 世纪，智能移动终端将软件引入生活的每个角落，云计算将软件塑造为服务的化身。

从最初的个人助手到组织效率的推动者，再到如今的数字基础设施构建者，软件成为我们工作和生活中不可或缺的伙伴。它自身也在这段历程中，完成了从桌面应用到数字化引擎的升级。每一个阶段都不仅是技术创新的足迹，还是社会进步与产业升级的生动缩影。

1.1.1 桌面应用时代：个人电脑提升个人办公效率

软件形态每一次演进的背后都有硬件平台的支撑。桌面应用依赖于个人电脑，互联网软件的力量来自服务器、浏览器和网络，移动应用则与智能手机相互依存，而云计算软件则依托于大规模服务器集群的支撑。软件与硬件的交融，共同推动了技术创新链的延展，每一次演进都在为未来拉开新的序幕。

进入 20 世纪 80 年代，随着 IBM PC 和苹果公司 Macintosh 的推出，个人电脑时代的序幕渐渐拉开，为软件的发展铺垫了桌面应用的舞台。1981 年，IBM 重磅推出了旗下首款微型个人电脑 IBM PC。这款依赖于 Intel 8088 芯片和 MS-DOS 操作系统的创新之作，不仅配备了硬盘和软盘驱动器，还以 16 位元的开放架构为特色，支持了第三方硬件和软件接入，无疑为个人电脑的标准化和普及注入了强劲的动力。

与此同时，苹果公司也不甘示弱，于 1984 年推出了面向大众的个人电脑 Macintosh。Macintosh 以友好的图形用户界面赢得了广泛的赞誉，支持图形显示和用鼠标操作，无疑开启了个人电脑的图形化时代，为用户交互带来了革命性的变革。

硬件平台的成熟，自然吸引了众多软件公司的目光。它们纷纷投身于适用于个人电脑的应用软件的开发，为个人办公和学习提供了强有力的支持，也为个人电脑的实用性注入了新的活力。1979 年，VisiCorp 公司推出的 VisiCalc 电子表格软件就成为这个时代的佼佼者，它允许用户在屏幕上进行各种数据的计算，成为第一款杀手级个人电脑应用软件。

1983 年，Lotus 公司的 1-2-3 电子表格横空出世，迅速成为 IBM PC

上的高人气应用软件之一。随后，微软也加入了这场战斗，推出了 Microsoft Word 文字处理软件和 Microsoft Excel 电子表格软件，这两款软件迅速成为个人电脑上的重要办公工具。

微软的脚步没有停下，在 1989 年和 1990 年分别推出了 Mac 版本和 Windows 版本的 Microsoft Office 办公套件，集文字处理、电子表格、演示文稿等多功能于一身。Microsoft Office 办公套件很快成为全球个人电脑上的必备软件，为微软在软件领域确立了不可撼动的地位。每一次进步，每一次创新，都在为软件的发展和个人电脑应用的普及注入新的活力，也为未来的技术进步和社会发展提供了无限的可能。

1.1.2　互联网应用时代：软件从桌面扩展到网络

1993 年，图形浏览器 Mosaic 的问世，宣告了互联网应用新纪元的到来。以 Mosaic 为基础，网景公司精心研发了商业浏览器 Netscape Navigator，让用户可以直接在浏览器中阅读邮件，查看天气预报，听音乐等。

随着互联网的热潮来临，软件的发展迎来了新的发展阶段——互联网应用时代。在这个时代，软件开始从封闭的桌面环境向无边无际的网络环境转移。用户通过浏览器的窗口，可以一窥软件的众多功能。软件的身份也随之转变，从本地应用转变为网络应用，展现出全新的生命力。

1995 年，Sun 公司开发的 Java 语言迅速在网络应用开发领域得到广泛应用。Java 语言的“编写一次，处处运行”的跨平台特性，为网络应用的开发提供了无与伦比的便利。众多网站开始采用 Java Applet 技术，为用户提供丰富的交互功能。

当然，服务器端技术的快速发展也为网络应用提供了强大的支持。1993 年推出的通用网关接口（Common Gateway Interface，CGI）技术让网站得以运行服务器端脚本，获取数据库中的动态内容。随后，PHP、ASP、JSP 等动态网页技术纷纷亮相，为数据库驱动的动态网站的开发提供了多样化的选择。

在网络应用如火如荼的发展过程中，软件服务模式开始崭露头角。1999 年，Salesforce 着手开发和推出了以软件即服务（Software-as-a-Service，SaaS）模式提供的客户关系管理系统。用户通过浏览器就可以轻松地使用它，这无疑标志着软件正向服务化方向稳步演进。

互联网应用时代不仅彻底改变了软件的开发和交付模式，还让软件功能得以组件化，并通过网络调用，向更开放和服务化的方向演进。每一次变革，每一次创新，都在向世界宣告，软件的未来是无限可能的，是开放共享的，是服务化的，是连接万物的。

1.1.3 移动应用时代：软件走进生活

迈入 21 世纪，智能手机的普及如同春风吹过大地，为软件的发展揭开了全新的篇章——移动应用时代。软件不再局限于在桌面上，而是以移动应用的姿态，走进了人们的日常生活，成为人们的得力助手。

2007 年，苹果公司推出了首款 iPhone，从此改写了智能手机的定义。搭载着 iOS 操作系统的 iPhone，不仅具备了多点触控屏幕等前沿功能，还为移动应用提供了强大的硬件支持。

同年，谷歌也不甘示弱，推出了 Android 操作系统。这个开放的操作系统允许用户自由安装第三方应用，很快便在移动市场中占据了主导地位。Android 操作系统及其生态的迅速崛起，为移动应用的多样化发展提供了肥沃的土壤。

随着移动应用商店的出现，移动应用的世界变得丰富多彩。2008 年，苹果 App Store 正式上线，用户可以在此轻松地下载各类第三方应用。同年，Android Market（Google Play 的前身）也随之推出。开发者得以将应用发布至 Android Market 和 Google Play，让用户可以轻松地下载体验。

随着智能手机的普及，移动应用开始触达生活的各个角落，涵盖了购物、出行、金融、健身等多个领域。手机不仅是通信工具，还成为用户接触数字世界的窗口。许多传统软件纷纷推出移动版本，以适应用户需求的转变。

移动互联网的繁荣使得新业态兴起，如共享单车、网约车等新模式都是基于移动应用实现的。移动支付也改变了人们的消费习惯，为日常消费提供了极大的便利。

软件的应用场景不再受局限，而是融入了更丰富多彩的交互中。传感器为软件提供了更多样化的输入，为软件的多样化发展拓展了无限的可能性。

1.1.4　云计算与 SaaS 时代：软件服务化

21 世纪 10 年代，云计算技术的成熟让软件的发展进入云计算与 SaaS 时代。在这个时代，软件完成了从固定的产品到流动的服务的转变。

云计算——一个依赖于大规模网络服务器集群，通过虚拟化技术对各类计算资源进行动态分配的概念，正式进入公众的视野。它允许用户按需使用云端的存储、计算和网络资源，彻底实现了 IT 资源的弹性调配，并推广了按用量计费的模式，让资源的使用变得更灵活、更经济。

SaaS 意味着软件以服务的形态呈现给用户，不再需要在本地进行烦琐的部署和安装。用户只需要通过客户端程序或浏览器，就可以随时随地使用云端的软件服务。Salesforce 在 1999 年研发并推出的云端客户关系管理（CRM）系统，给人们展示了一个全新的世界，开创了 SaaS 模式的先河。

云计算与 SaaS 的“联姻”，让软件的交付和部署变得异常灵活。用户可以在任何地方、任何时间访问服务，实现不同设备间的数据同步，摆脱了本地环境的束缚。

平台即服务（Platform-as-a-Service，PaaS）也随之兴起。它提供了数据库、中间件、开发工具等一站式服务，让开发者可以立足于云平台，实现快速的迭代开发。

基础设施即服务（Infrastructure-as-a-Service，IaaS）则为企业提供了服务器、存储、网络等基础 IT 资源，助力企业按需使用云端基础架构，更高效地运营。

云计算让软件从本地桌面走向了广阔的互联网世界，实现了软件服务化的重大跨越。这一转变减轻了用户终端的负担，而核心的数据与业务逻辑则转移到了云端服务器中，为企业和用户提供了更高效、更便捷的服务。通过云计算技术，我们可以灵活地分配和利用 IT 资源，提高资源利用率，降低成本，同时为软件的创新和发展提供了更多可能性。

回顾软件的发展历程，不仅在追溯技术的进步，还在解读商业和社会的变迁。它让我们看到了信息技术如何重塑人类社会，揭示了科技创新与产业变革的内在动力。这不仅有助于我们更深入地理解过去，还为我们指明未来的方向，让我们能够更好地利用技术给人类社会带来福祉，为构建一个更智能、更美好的世界奠定基础。

1.2　从早期萌芽到深度学习

人工智能（Artificial Intelligence，AI）始于 20 世纪 50 年代。从早期的知识工程到 20 世纪 80 年代末统计学习算法的兴起，再到 21 世纪深度学习技术的应用，每个阶段都是人类智慧和科技进步的集中展现。

1.2.1　早期萌芽时代（20 世纪 50 年代—60 年代）

20 世纪 50 年代，AI 这个新兴领域如同破土之芽刚刚萌发，但其枝叶已在科学家的心中扩散。1956 年的达特茅斯会议不仅是研讨会，还标志着 AI 正式诞生，吸引了众多该领域内的研究者共聚一堂，共同探讨让机器具有智能的可能性。

在这个时代，AI 的研究主要集中在“强 AI”的思想。强 AI 的探索像在为机器注入灵魂，期望通过编程让计算机展现出人类般的智慧。技能理论的提出，是对智能的解构与重构，它将智能拆分为可编程的不同技能，为未来的研究打下了基础。例如，ELIZA 项目试图通过程序模拟人类交流，斯坦福大学的 Shakey 机器人项目能完成一些简单的导航任务。这些早期探索虽然尚处于婴儿期，但是已经展现出 AI 的潜力和未来的方向。

这个时代的 AI 研究像一个刚学会走路的孩子，摇摇晃晃，在前进的道路上困难重重。计算能力较弱限制了 AI 的发展。但正是这些早期的探索和思考，为 AI 的发展奠定了坚实的基础。

随着时间的推移，AI 领域逐渐成熟，开始形成更系统的学科体系和研究方法。麻省理工学院的 Seymour Papert 提出了连接主义学习理论，强调知识来自学习者的主动建构。约翰·麦卡锡进一步完善了 AI 的概念和定义。这为后来 AI 的发展提供了理论基础。

这个时期可以被视为 AI 历史长河中的“黎明时分”。虽然曙光尚未照亮前方的道路，但预示着 AI 领域未来辉煌。

1.2.2 知识工程时代（20 世纪 70 年代—80 年代中期）

20 世纪 70 年代—80 年代中期，知识工程成为 AI 研究的主流方向。在这个时代，AI 研究者提出，存储和表示知识是实现智能的关键。于是，知识库和表示知识成为当时的研究热点。

1972 年，斯坦福大学的费格巴姆项目取得了重大突破，成功地开发出了一款能够解决高中程度算术问题的系统。该系统通过提取题目知识，并采用可操作的知识表示进行存储，成了早期知识工程领域的成功典范。20 世纪 70 年代末期，MYCIN 专家系统诞生，能对某些感染症进行诊断。它通过产生推理链获取诊断结果，体现了结构化知识的力量。

这个时代的 AI 研究强调知识的重要性，并将获取和表示知识作为主要任务。研究者试图将专家知识转化为可计算的形式，存储于系统之中。然而，手工获取和对知识编码的方法效率低下。这个瓶颈制约了知识工程进一步发展。

虽然知识工程面临困境，但是这个时代的研究将知识处理作为实现智能的有效途径，奠定了理论基础。这为今天知识图谱等技术的兴起埋下伏笔。在这个阶段人们使用 AI 处理更抽象的知识表示，而不仅仅是数字信息。

20 世纪 80 年代，面向对象技术开始兴起。利用面向对象的思想重新组织知识成为可能。这一思路开始影响知识获取与表示的方式。同时，专家系统技术在医疗、工程等领域得到应用，展现了一定的价值。知识工程的理念和实践成果，增加了 AI 处理知识的能力。

总体来看，知识工程使 AI 研究走上了知识密集型道路。知识表示和推理被视为实现智能的关键。这一观念不仅为 AI 的发展奠定了坚实的基础，还展现出仅依靠人工对知识编码的局限性。在统计学习等新方法出现后，AI 研究进入了新的阶段。

1.2.3　统计学习时代（20 世纪 80 年代末—20 世纪末）

20 世纪 80 年代末，统计学习算法如同晨曦初现，逐渐崭露头角于 AI 领域。它们带着数据的力量，赋予了机器一种自我探索知识的能力。

在这个时代，一些具有划时代意义的算法走进了人类的视野，比如支持向量机、贝叶斯分类器和决策树，这些算法如同哈利·波特手中的魔杖，具有神奇的力量，能够在纷繁复杂的数据中寻找到模式的脉络，为预测和分类工作提供强有力的支持。与传统的知识工程相比，它们减轻了人们在知识提取和编码上的负担，展示出自我学习的可能。

统计学习的本质是从庞大的数据集合中提取有价值的知识。随着 20 世纪末互联网的蓬勃发展，训练数据不断丰富，为统计学习源源不断地提供了养分，自此，AI 研究进入了一个以数据驱动的新时代。

另外，神经网络在统计学习的熏陶下，得以重新焕发生机。感知器和反向传播（Back Propagation，BP）算法成为神经网络研究的主流，它们与统计学习的理论相互碰撞，为神经网络算法的进步奠定了坚实的基础，为深度学习的盛行播下了希望的种子。

在这个阶段，统计学习引领了 AI 研究方法的重大转变，使其从依赖人工提取知识，走向了从数据中自动学习知识。丰富的数据与强大的算法，推动了这个时代 AI 研究的显著突破。

随着计算能力的进一步提升和互联网数据的爆炸式增加，统计学习算法日益显示出强大的威力。它们为 AI 的实际应用掀开了新的篇章。例如，支持向量机在文本分类和图像识别领域大展身手，而隐马尔可夫模型（Hidden Markov Model，HMM）在语音识别领域取得了早期的成果。一系列成功案例，昭示了统计学习为 AI 研究和应用带来了革命性创新。

1.2.4 深度学习时代（21 世纪初至今）

21 世纪初，深度学习技术的进步，再一次将 AI 的研究推向了新的高峰。深度学习借助多层神经网络模型，实现了更为强大的特征学习与模式识别，进一步扩大了 AI 的应用范围。

不同于传统的机器学习，深度学习摒弃了人工特征工程的烦琐流程，转而直接从原始数据中探索复杂、抽象的特征。它仿佛在模拟大脑神经网络的架构，通过层层递进的处理，深入挖掘出数据的本质特征。

如今，深度学习已经广泛涵盖了计算机视觉、自然语言处理（Natural

Language Processing，NLP）等领域，取得了令人瞩目的成功。以图像识别为例，深度学习模型在业界非常知名的 ImageNet 图像库中，将识别精度提升到了令传统算法难以企及的水平。

深度学习能够巧妙地处理海量的数据，进行高度非线性的建模。它的超强拟合能力，得益于庞大的模型结构、高性能的图形处理器（Graphics Processing Unit，GPU）及丰富的大数据支持。随着这些要素的不断发展，深度学习得以迅速发展。

总的来看，深度学习让 AI 实现了质的飞跃，引发了新一轮的 AI 繁荣高潮。它掀开了数据驱动、海量并行智能算法新范式的序幕。值得一提的是，深度学习绝非孤立的技术高峰，是统计学习、神经科学和并行计算等多领域知识的综合结晶。其背后的核心思想，其实可以追溯到 20 世纪。

尽管深度学习当前仍面临解释性不足、对大量标注数据的依赖等问题，但是已经成为推动 AI 发展的主要引擎。深度学习时代，其实才刚刚拉开序幕，它的应用前景宽广到几乎看不到边际。

第 2 章　大模型时代的 AI

2.1　生成式 AI 的崛起

生成式 AI 早已不是一个陌生的名字。它在 AI 的大家庭中独树一帜，以独特的方式展现着机器学习模型的“创造力”。它能做的不仅是分析和建模，还能创造出文本、图像、音视频等多种类型的新数据，让人们惊叹不已。这些“生成”的数据，甚至让我们难以分辨出真伪。

不同于致力于预测或分类的监督学习，生成式 AI 更关注从数据中学习潜在的模式，能创造性地生成新数据。早期的生成方法更多地依赖于概率模型，但随着深度学习的强势崛起，生成模型产生了质的飞跃。

2.1.1　图像生成

你可能听说过生成对抗网络（Generative Adversarial Network，GAN）、变分自编码器（Variational Auto-Encoder，VAE）、流模型等名词。它们能生成高质量的图像、音频、文本和视频，是生成式 AI 领域的典型代表。这些模型被广泛地应用于创作支持、数据增强、风格转换等领域，代表了 AI 的新方向，也拓宽了机器创造的边界。

图像生成，这一令人瞩目的技术领域，让我们进入了一个充满无限可能的视觉新世界。它让机器拥有了“创造”美的能力，从而将生成式 AI 推向了一个新的高度。在这个领域中，GAN 和 VAE 是不可忽略的。

2014 年，Ian Goodfellow 及其团队在发表的论文“Generative Adversarial Nets”中首次提出了 GAN 的概念，这是一个重要的里程碑。GAN 通过一种对抗训练的方式，让生成模型捕捉到真实图像的数据分布，从而生成新的图像。它就像打开了潘多拉的盒子，让人们看到了虚拟人像、图像转换等应用的无限可能。

GAN 的神秘之处在于它的对抗训练机制。这个机制包含了一个生成器和一个判别器。生成器创造假图像，判别器负责判断图像的真假。两者相互对抗，最终使生成的图像的逼真度得到提升。

VAE 也不容忽视。它在编解码器中利用变分推断，探索了图像的潜在空间分布。训练好的 VAE 就能在这个潜在空间中进行插值，从而创造出新的图像样本。

VAE 的核心在于它的编解码过程。编码器对图像进行编码，得到潜在向量；解码器则用这个潜在向量重构图像。这个过程使得编码空间符合指定的先验分布，从而在潜在空间中进行插值。

除了 GAN 和 VAE，像素级生成模型也取得了不小的进展。例如，基于卷积神经网络的 PixelRNN/PixelCNN 模型能直接对图像像素进行建模，其生成的图像质量也令人印象深刻。

图像生成技术不仅让计算机图像处理朝着创造性的方向前进，还拓宽了应用场景的边界。当然，它还面临着训练难度大、容易生成假内容等挑战，这些都是未来研究的重要课题。

像素级生成模型则是一个直接建立像素级分布模型的高手。PixelCNN 模型在图像生成上的表现甚至优于 GAN 和 VAE，但其计算量较大，采样也不如 GAN 实用。未来，像素级生成模型的潜力仍值得我们深入探讨。

近年来，图像生成技术得到了快速发展。比如，StyleGAN 模型能通过调整 GAN 架构，控制生成图像的风格。BigGAN 模型则通过使用庞大的训练数据集，提升了生成图像的质量。CycleGAN 模型实现了无配对图像转换，打破了传统的配对限制。在医学领域，图像生成技术为辅助诊断提供了有力的支持。

图像生成的魅力，不仅体现在技术的进步，还在于它打开了一个新世界的大门，让我们看到了技术和创造力相结合的无限可能。它让我们期待，未来会有更多令人震撼的应用出现在我们的生活中。

2.1.2 文本生成

自然语言是人类交流的不二之选，为了让机器也能流利地“说话”，生成式 AI 矢志不渝地向着自动生成语言文本的目标努力。从概率语言模型的初探，到 Seq2Seq 和 BERT 模型的登场，文本生成领域可谓风起云涌。

在早期的尝试中，基于随机过程的语言模型成为文本生成的佼佼者。它们像在玩一个预测游戏，猜下一个词是什么，但在面对长句子时，似乎有点力不从心。

随后，Seq2Seq 模型闪亮登场，它的编码器-解码器架构如同文本生成的“瑞士军刀”，能生成定长序列，为文本生成打开了新天地。特别是在机器翻译和对话系统等场景中，Seq2Seq 模型可谓得心应手。

随着时间的推进，大语言模型（Large Language Model，LLM）（如 GPT 系列）成为新的焦点。它们先在海量的文本上“锻炼”自己，然后完成特定的文本生成任务。它们的生成能力让人刮目相看。

如今，文本生成技术正在悄悄地改变内容写作、对话系统、机器翻译等领域。但是，我们仍需要面对生成文本的可解释性较弱、假新闻检测等挑战。对于理解和指导文本生成，我们仍需不断探索。

在 Seq2Seq 模型中，编码器读取源语言句子生成语义向量，解码器则根据该向量生成目标语言句子。后来的注意力机制让解码更“聚焦”，增强了编码语义信息的能力。

随着计算能力的飞速提升，LLM（如 ELMo、ULMFiT、GPT 等）在亿个级甚至千亿个级参数规模的语料上进行训练，语言生成能力得到了极大提升。

评估文本生成效果的指标［如 PPL（Perplexity，困惑度）、BLEU（Bilingual Evaluation Understudy，双语评估替换）等］应运而生。虽然自动评估有时会让我们摸不着头脑，但是人工评估得到了广泛应用。提高生成语言的多样性、连贯性和逻辑性，成了研究的热点。

文本生成技术还面临一些挑战，例如生成的连贯性和一致性仍有待提高，缺乏上下文语义理解也是一个关键症结。同时，生成假新闻、辱骂语等内容的风险也是我们不能忽视的。

展望未来，文本生成模型有望与知识库相结合，在理解语义后生成文本，与多模态的结合也可能开创新的应用场景。一旦解决了可解释性和可控性等问题，文本生成模型无疑会为我们的生活注入更多积极的能量。

2.1.3 音频生成

语音和音乐，不仅是人类交流和表达的重要方式，还是情感和思想的独特载体。让机器也能自动地、优雅地生成高质量音频，一直是生成式 AI 不懈追求的挑战目标。在历史的长河中，从基于隐马尔可夫模型的初探，到深度学习的加盟，音频生成领域的进展可谓硕果累累。

回溯到早期，基于概率模型的语音生成系统采用了串接语音单元的策略，旨在生成自然流畅的语音。然而，这类方法似乎过于依赖语音数据库，缺乏足够的灵活性，导致一些令人感到局限的问题出现。

随着深度学习风头正劲，基于长短期记忆网络（Long Short-Term Memory，LSTM）、门控循环单元（Gate Recurrent Unit，GRU）的 Seq2Seq 模型被应用到音频生成领域。它们可以直接预测语音采样点，实现了端到端的语音生成。而 WaveNet 模型用其卷积神经网络的“神奇力量”对波形进行建模，直接输出高质量语音，让人耳目一新。

不仅如此，基于对抗训练的 GAN 也跃跃欲试，投身于语音生成的热潮中。它可以学习潜在的语音分布并生成样本。在这种对抗性的语音生成系统中，语音数据库不再是束缚，生成的效果更好。

深度学习也助推了语音风格转换技术的进步。这项技术能够将语音转换成不同说话人的声音或语调，实现了风格可控的语音生成，为语音生成领域增色不少。

回想早期，隐马尔可夫模型是语音生成的得力助手，根据状态转移概率和输出概率生成语音参数序列。它在生成语音质量方面的表现可圈可点，但对语音数据库的依赖问题阻碍了其进一步广泛应用和发展。

深度学习模型则打破常规，能够端到端地学习语音生成任务，摆脱了明确的语音特征工程的束缚。循环神经网络（Recurrent Neural Network，RNN）/LSTM 模型和 WaveNet 模型直接对语音样本进行建模，而 GAN 则巧妙地将生成模型与判别模型配对进行对抗训练，生成的语音质量让人叹为观止。

语音风格转换技术也借助迁移学习的方法，让源语音装上了目标风格的"新衣"，用户可以自如地控制生成语音的风格，为语音生成创造了新的可能。

当然，音频生成的道路上仍然存在一些挑战。比如，生成的语音的语气不够自然，长段语音的连贯性有待提高。生成的音频样本在语义控制上的表现也令人期待。向未来迈进，我们有理由期待音频生成技术在提高生成音频的可控性、与多模态结合等方面取得更多突破，为我们的生活带来更多美妙的音乐和语音体验。

2.1.4　生成式 AI 的发展历程

生成式 AI 的发展历程宛如一部扣人心弦的史诗，从早期的概率模型，一路探索到深度学习，反映了机器学习技术的日新月异和无穷变化。

回望 20 世纪 50 年代，图灵测试已经为我们展现了评判机器智能的初步想法，为早期的生成模型研究播下了思想的种子。20 世纪 60 年代初露端倪的自组织映射（Self-Organization Mapping，SOM）模型，则是探索神经网络的重要里程碑。

迈入 20 世纪 80 年代，隐马尔可夫模型成为语音识别等领域的主流生成模型。它依据状态转移概率生成序列，成果丰硕。而在 NLP 的世界里，基于 N-Gram 的统计语言模型也得到了广泛应用。

20 世纪 80 年代末至 90 年代中期，Paul Smolensky 提出并由 Hinton 等人进一步发展的受限玻耳兹曼机（RBM）逐渐引起关注，为深度生成模型的探索掀开了新的篇章。RBM 堆叠构成的深度信念网络（Deep Belief Network，DBN），为深度学习奠定了坚实的基础。

到了 2014 年，GAN 和 VAE 相继问世，犹如打开了深度生成模型新纪元的大门。它们展现出强大的图像生成能力，为后续的研究提供了丰富的启示和灵感。

2.1.5 应用与展望

如今，生成式 AI 如同一颗冉冉升起的新星，在艺术创作、数据增强、内容生产等多个领域已经展现出令人振奋的应用潜力和广阔前景。

在计算机视觉领域，生成模型已经崭露头角，成为艺术创作的新伙伴、图像增强的得力助手，以及风格转换的巧手。同时，文本生成模型也在写作辅助领域展现出强大的创造力，可以流畅地助力对话系统的交流，以及精准地传达机器翻译的结果。另外，音频生成技术正在广泛应用，通过语音生成和风格转换等技术，为我们的听觉世界注入新的元素。

然而，生成式 AI 的发展并非一帆风顺。训练时间长、结果不确定、可能产生虚假信息等问题，成为研究的重要议题。当前的研究热点，便是探寻提高模型可解释性的方法，指导和控制生成过程，以确保结果真实、可信。

朝着未来的方向，我们憧憬着生成式 AI 与多模态感知的美好结合，实现图像、音频、文本等多样内容的联合生成。而迁移学习、强化学习等技术的引入，将为生成模型注入新的活力。我们期待生成式 AI 在教育、科研、艺术等更多领域创造更大的价值，为人类社会播撒智慧的种子。

在探索机器生成新样本和内容的奇妙世界里，生成式 AI 无疑是一道亮丽的风景线。它的故事源于早期的概率模型，在深度学习的加持下，它实现了质的飞跃。

我们放眼望去，发现在计算机视觉、NLP 和音频处理等领域，像 GAN、VAE 和 GPT 这样的生成模型已经取得了令人振奋的成果。它们跨越了 AI 的应用边界，展现了机器学习的无穷潜力。

虽然生成式 AI 的路还很长，但它确实描绘了 AI 发展的新方向。随着技术逐渐成熟，它将为这个世界带来更多的正面影响。我们有充分的理由相信，这个领域有改变世界的巨大潜力。

在 2.1 节，我们了解了生成式 AI 的发展历程，从早期的概率模型到深度生成模型。文本、图像、音频等多种类型的数据已经实现了高质量的自动生成，不仅拓宽了 AI 的应用范围，还为我们提供了理解智能本质的新视角。

与此同时，训练的困难和结果的不易解释等问题仍旧横亘在我们的面前，需要我们继续努力解决。我们期盼生成式 AI 的安全性和可控性能得到提升，也期盼其在更多领域创造价值。它无疑是 AI 发展的新趋势，将给这个世界带来积极的启示和影响。

2.2 大模型时代狂飙猛进

近年来，预训练语言模型（Pre-trained Language Model，PLM）备受瞩目，悄然掀开了 AI 领域中“大模型时代”的新篇章。GPT-4 这位有 1.8 万亿个参数的重量级选手登场，展现出的语言处理能力简直让人瞠目结舌，无论是问答、对话还是文本生成，都能轻松搞定，并且与人类专家的水平不相上下。它告诉我们，AI 研究正从追求泛用算法悄悄地转向构建大规模知识，学术界也因此掀起了学习 LLM 的热潮。

LLM 的飞速发展得益于多方面技术的突破。首先，计算能力的大幅提升，使得训练数百亿个参数的模型不再是遥不可及的梦。其次，大规模标注数据集的构建，为模型提供了丰富的监督信息。而 Transformer 等强大的模型结构也为预训练语言模型的进步助力不小。

2.2.1 语言模型的发展历程

计算机硬件性能的提升，特别是 GPU 并行计算能力的提升，将训练超大模型所需的时间从漫长的数年缩短至数周甚至数天，可谓实现了质的飞跃。这不仅为设计更复杂的神经网络铺平了道路，而且大数据的积累也为语言模型的预训练提供了海量的标注语料。而那些强大的模型结构，如注意力机制等，也增强了语言模型的能力。

具体地说，GPU 带来的并行计算能力提升让执行密集计算任务（如矩阵运算）的速度加快了几千倍，对于训练大规模神经网络模型来说，这无疑是天大的喜讯。而大数据的积累为模型提供了丰富的语料，成为训练有效语言模型的坚实基础。

自 20 世纪 80 年代起，从统计语言模型、神经网络语言模型、预训练语言模型到 LLM，每一次演进都让语言模型的表达能力和语言处理能力得到大幅提高。现在，让我们一同回溯这段丰富多彩的历程，详细探讨每个阶段的技术发展和代表性模型。

第一个阶段：统计语言模型的黎明时期（20 世纪 80 年代—21 世纪初）

20 世纪 80 年代，统计语言模型初露锋芒，在 NLP 领域崭露头角。其中，基于 N-Gram 的 Trigram 模型和最大熵模型是最闪亮的明星。它们借助统计学的力量，预测下一个词的可能性，为语言序列建立了概率模型。然而，它们也有不少弱点，比如无法捕捉语义信息，难以处理长距离的依赖关系，而随着训练语料的增加，词表大小的膨胀成了它们的短板。总的来说，虽然统计语言模型为后来者铺平了道路，但是它们的表达能力还很有限，这催生了神经网络语言模型。

第二个阶段：神经网络语言模型的崛起（21 世纪初—21 世纪 10 年代中期）

进入 21 世纪，神经网络重焕新生，研究者将其引入语言建模领域，神经网络语言模型应运而生。与传统的统计语言模型相比，神经网络语言模型通过学习词向量来捕获每个词的语义信息，并利用非线性隐层进行特征提取。虽然其语言建模能力相对较弱，但比统计语言模型更有优势。尽管神经网络语言模型拓宽了语言表达的范围，但在提取语言特征方面仍存在局限性。幸运的是，预训练语言模型的出现为神经网络语言模型的发展开辟了新的道路。

第三个阶段：预训练语言模型的荣耀时代（21 世纪 10 年代中期—2021 年）

20 世纪 10 年代中期以后，预训练语言模型如雨后春笋般涌现，BERT、ELMo、GPT 等成为当时的璀璨之星。它们先在大规模语料上预训练，积累语言知识，再微调到下游任务，与从零开始训练相比，它们展现了更强大的语言处理能力。与早期的模型相比，预训练语言模型实现了质的飞跃。

第四个阶段：LLM 的豪华时刻（2022 年以后）

近年来，参数量高达数百亿个的 LLM 如日中天，它们的语言处理能力不仅赶上了人类，甚至有过之而无不及。这标志着语言模型领域步入了一个崭新的时代，预示着有更多令人振奋的可能性和未来。

2.2.2 LLM 的关键技术

近年来，预训练语言模型促使 LLM 崛起。能够接近甚至超越人类的语言处理能力的 BERT 和 GPT-3 等伟大的模型的背后的关键技术可以概括为以下几个方面：

首先，庞大的预训练语料库。LLM 依赖于海量的标注语料进行预训练，通过自监督学习的方式学习语言知识，提炼出广泛而通用的语言特征。例如，BERT 在维基百科的丰富文章中进行预训练，而 GPT-3 则使用互联网规模的语料库进行预训练。这种充分的预训练为模型在下游语言处理任务中展现出强大的能力奠定了基础。

其次，Transformer 结构的革新。Transformer 模型通过运用多头自注意力机制，建立了语言中的长程依赖关系模型。与 RNN 等传统结构相比，它在长序列建模方面具有更出色的表现。多头自注意力机制能够灵活地提取不同语义子空间的特征，这使得 Transformer 结构在构建大模型时成了不可或缺的关键。

再次，超大规模的参数。LLM 的参数扩展至数百亿个甚至千亿个级，大大地超过了前期模型的规模。规模庞大的参数让模型具备更强的语言特征学习和建模能力。例如，GPT-3 拥有 1750 亿个参数，BERT 拥有 1.1 亿个参数，GPT-4 更是拥有惊人的 1.8 万亿个参数。

最后，分布式训练的算力支撑。大模型的训练对算力提出了极高的要求。分布式训练系统和 GPU 集群的强力支持，实现了数百亿个参数的模型的高效训练。这种软硬件算力的强大支持，成为大模型成功的基石。

具体地说，BERT 的预训练采用了掩码语言模型（Masked Language Model）和下一句预测（Next Sentence Prediction）任务，前者通过屏蔽词来预测上下文，后者则判断句子间的关系，这种自监督的预训练方式有效地获取了语义知识。GPT-3 则倾向于采用纯预测策略，类似于传统的语言建模。

在模型结构上，Transformer 模型摒弃了 RNN 等传统结构，转而基于注意力机制来建立语序信息模型。多头自注意力机制的引入增强了其并行计算能力。Transformer 模型的 Encoder-Decoder（编码器-解码器）结构不仅支持语言理解，还擅长于语言生成，展现出了极大的应用潜力。

2.2.3 LLM 的典型应用

近年来，LLM 的诞生为 NLP 领域带来了翻天覆地的变化，同时也催生了众多创新性应用。本节将细述 LLM 在语音生成、图像描述及程序编写等多个领域中的典型应用实例。

语音生成领域：GPT-3 通过直接预测语音序列，能够生成更自然、更连贯的音频，这种技术已经在语音助手和有声读物生成等领域得到了广泛应用。部分应用还允许用户自定义语音风格，为用户提供个性化的体验。DeepMind 公司的 WaveNet 模型是这个领域的代表性成果。

图像描述领域：借助 GPT-2 及其衍生的图像描述模型，我们能够对图像内容进行深度分析，并生成语义精准的文本描述，为视觉障碍用户提供有效的辅助。此外，图像描述技术也能自动填充产品详情，或为图像搜索结果配上文字说明，大大地丰富了用户的体验。例如，微软推出的 Seeing AI 应用就借助这项技术为盲人提供实时的视觉辅助。

程序编写领域：LLM 能够自动生成代码，极大地辅助程序员提高开发效率。它还能为代码自动添加注释，生成易读的文档，如 GitHub 的 Copilot 利用 LLM 进行代码生成。这些应用不仅减轻了程序员的负担，还提升了整体的工作效率。

除了上述领域，LLM 在推荐系统、疾病诊断、创意内容生成等方面也有卓越的应用成果。它们开始深入各种产业实践，为产品创新和服务升级带来新的可能。

总体而言，LLM 在图像、文本、音频等多模态数据处理上展示出了令人震撼的生成能力。通过端到端的训练，它们能直接从数据映射到结果，无须进行人工特征提取，这为广泛的创新应用打下了坚实的基础。展望未来，LLM 将在更多领域得到大规模应用，成为推动产业革新的重要力量。

从统计语言模型到预训练语言模型，再到 LLM，语言模型的能力不断增强，最终达到了人类水平的语言处理能力。LLM 依靠预训练、Transformer 及超大规模参数实现了革命性的进步。在语音生成、图像描述、程序编写等领域，LLM 都展现出巨大的应用潜力。它们将推动更多创新应用的形成。

展望未来，仍需进一步提高 LLM 的安全性、解释性和可控性。它们将与多模态、迁移学习等技术深度结合，发挥更大作用。LLM 时代才刚刚开始，其未来影响仍在持续显现。

第 2 部分

大模型驱动的智能体

第 3 章　什么是智能体

3.1　智能体的定义与特点

AI 技术的发展日新月异。如今，智能体这个曾经陌生的词汇，已悄然变得家喻户晓。它不再是冰冷的代码，而是能感知、推理、做出决策的灵活系统。不仅如此，它还能理解我们复杂多变的自然语言，持续学习新的知识，完成那些让人眼花缭乱的任务。举个例子，虚拟助手和自动驾驶汽车，已经让智能体技术不再遥不可及。

简而言之，智能体就是一种具有认知能力的软件代理，不再仅仅满足于按照固定逻辑运行，更像能够感知周围环境并做出相应反应的智慧主体。通过不断地学习和积累经验，智能体能够在复杂多变的环境中做出明智的判断和选择。这种自我进化的能力，让我们对未来充满了期待。在未来的道路上，智能体将成为我们探索未知、解决问题的得力助手。

3.1.1 智能体的定义

在 AI 领域，智能体虽然还没有一个被广泛接受的定义，但是研究者对它的理解已经逐渐达成了共识。现在，我们一起看一下智能体的几种典型定义，或许在这个过程中，我们可以得到一些启示。

简单地说，智能体就是一种拥有“智能”的自治实体。它能够感知周围的环境，并在一定程度上根据自己的经验做出反应。它不同于那些只能被动执行指令的简单程序，更像一个勇于在环境中探索、学习，并做出决策的生命体。

麻省理工学院的 Peter M. Asaro 对智能体下了一个广为人知的定义：智能体是一类旨在执行特定任务的计算机系统，能够灵活地感知环境，并在此基础上选择最优的行动方案。这个定义强调了智能体的自主性和适应力。

斯坦福大学的 John McCarthy 则从一个独特的交互角度来看待智能体：它是一种能与环境进行信息交互的系统，能根据对环境的感知做出反应和调整。这个定义着重于智能体的主动知觉行为。

从上述的定义中可以看出，智能体的核心特质是它比那些只能被动执行指令的程序更聪明、更主动。它需要具备感知环境、从中学习，并根据所学做出反应的能力。智能体不再是固化的模块化系统，而是一个面向知识、目标和行动的活力实体。正是这种“认知”能力让它与常规程序产生了区别。

概括地说，智能体是一种具备感知、学习、适应、执行能力的智能系统。它开始展现出类似于人类的主动思考和行动的能力。这使得它能够处理更复杂的任务，无论是在语音、图像领域还是在决策等领域，都有不俗的表现。在智能体的辅助下，未来我们能够探索的领域将更多。

3.1.2 智能体的特征

在智能体的世界里，每一个微小的进步都意味着可能的革命。与传统的按照固定程序运行的软件相比，智能体展现出了令人震撼的“认知”能力。这种独特的能力，让智能体拥有了以下几个典型的特征，它们共同构成了智能体与众不同的核心特质：

（1）感知能力。智能体拥有“眼睛”和“耳朵”，能够通过各种传感器，如摄像头、麦克风、温度计和 GPS（Global Positioning System，全球定位系统），感知周围的环境，形成对外界的独特认知。这些传感器的输入，为智能体构建了丰富多彩的环境信息画面。

（2）自主性。在一定程度上，智能体可以自主地运作，不再依赖人类对每一步操作的精细控制。它根据对环境的感知，智慧地做出决策，选择最优的行动方案。例如，ChatGPT 能够根据过往的对话，自主产生富有洞察力的回复。

（3）适应能力。智能体具有敏锐的“触觉”，能主动检测环境的变化，并相应地调整自身的参数或策略，以适应外界的波动。这种适应能力需要它具备持续学习和积累知识的能力，只有不断地学习和适应，才能在面对新情境时做出正确的决策。

（4）推理能力。智能体能分析综合信息，进行模式识别和预测，并从中做出明智的推理。这种推理能力基于对历史数据和知识的深入学习。例如，AlphaGo 通过深度强化学习，展现了令人咋舌的围棋推理能力。

（5）长期记忆。智能体能够珍藏过往的经验，不断地积累知识。它将所学的知识储存于它的知识库中，为未来的决策提供坚实的支持。这种持续的知识积累，成为智能体不断进步的原动力。

这些特征让智能体展现出了人类级别的认知特性，使其能够处理更复杂、更精细的任务。这也正是智能体能够在语音交互、医疗诊断、自动驾驶等领域得以成功应用的重要基础。在这些领域中，智能体不仅是一个执行者，还是一个理解者和创新者。

3.1.3 智能体的应用

随着智能体技术日益成熟，我们见证了它在各个领域中的广泛应用和不断探索。下面来感受一下它如何将智慧注入各个领域。

在客户服务领域，虚拟助手和智能客服成了我们的贴心小助手，它们能理解我们的需求，提供周到的服务。比如，我们熟悉的苹果手机的 Siri、亚马逊的 Alexa 及谷歌的 Assistant，它们都是智能语音助手中的佼佼者，能与我们进行自然语言交互，解答我们的疑惑。它们能听懂我们的指令，理解我们的需求，用温暖的语言为我们解决问题。

在医疗健康领域，AI 医生成了人类医生的得力助手，帮助他们提高疾病诊断的准确性和效率。AI 医生能细心地分析患者的症状，给出专业的诊断建议。它们通过不断地学习病例知识，模拟专家的诊断思维，为我们的健康保驾护航。

在游戏领域，AlphaGo 等拥有卓越博弈推理能力的游戏 AI 机器人成了我们的挑战者，它们甚至能战胜人类的高手。AlphaGo 通过深度强化学习，攀登到了围棋世界的巅峰。它们展现了出众的策略分析和决策能力，让我们感受到了 AI 的无限可能。

在工业制造领域，融合了智能体技术的机器人，成了我们的工作伙伴。它们能根据环境的变化调整自身的运动轨迹，提高了作业的灵活性，能更好地适应外界的变化，为我们创造了更多的价值。

除了上述领域，智能体也被应用于其他领域。比如，在自动驾驶系统中，它们能分析复杂的路况，为我们规划安全的行车路线。在电商推荐系统中，它们能根据我们的浏览记录，为我们推荐喜欢的商品。这些应用，都让我们感受到了智能体强大的认知和决策能力，也让我们对未来充满了期待。

本节首先探讨了智能体这一引人入胜的概念，它是一种有认知能力的智能软件代理，能在虚拟世界中展现出类似于人类的思考与判断力。我们描述了智能体的特征，如它的感知能力、自主性和适应能力，这些特征使它能够主动地做出判断和决策，为解决现实问题提供了新的视角。随后，我们通过丰富的实例，展现了智能体在客户服务、医疗健康、游戏、工业制造领域的应用，感受到了智能体技术的实用价值和广阔前景。

展望未来，智能体技术的进一步发展预示着其应用领域将持续增加，为我们的生活和工作带来更多的便利与可能。同时，我们也关注到，提升智能体的安全性和可解释性，是未来研究的重要方向，这将有助于我们更好地理解和信任这项技术。总的来说，智能体不仅代表了软件发展的新趋势，还是推动人类社会智能化升级的重要力量。

3.2 智能体与传统软件的关系

在现代软件开发中，智能体的概念已经逐渐成为人们热议的焦点。它们是自动化与智能化的化身，具备自主执行任务、适应环境变化，以及与其他智能体和系统交互的能力。与之相对的是，传统软件通常被编程来完成特定的、预设的任务，其行为模式通常是固定且可预见的。

智能体与传统软件的区别不局限于技术层面，还在理念上有差异。智能体的诞生标志着软件开发由规定性向描述性的重要转变，即从严格编写囊括所有可能情况的代码，向构建能够理解并适应各种情况的系统转变。

3.2.1 智能体与传统软件的区别

在探讨智能体与传统软件的异同时，我们会踏进一个令人振奋且丰富多彩的技术领域。通过分析它们的架构设计、数据处理能力、决策力、交互和协作能力，我们将逐渐发现它们各自的独特优势和可能面临的场景。

我们从架构和设计原则这个有趣的角度切入进行分析。传统软件就像一个精心组装的乐高模型，每个模块都负责特定的功能，严格按照设计好的接口进行交互。这种模式赋予了软件清晰的结构，但在面对变化时可能显得有些呆板。智能体则像有生命的机器人，具有高度的自治性，能够自主执行任务、做出决策，甚至在必要时与其他智能体和环境愉快地交互，展现出令人惊喜的灵活性和适应性。

在架构的顶层设计上，传统软件喜欢把所有的数据和控制逻辑集中在一个地方，简单、明了，但也许在面对复杂多变的问题时显得力不从心。智能体则喜欢分布式，每个智能体都有自己的数据和控制逻辑，能独立地与外部环境交互，共同构建一个可扩展和可容错的智能体系统大家庭。

进一步来说，传统软件的决策逻辑通常是，开发者需要预见所有可能的情况，并提出相应的处理逻辑。采用这种方式在面对未预见的情况时，可能会束手无策。相比之下，智能体善于即兴表演，能够根据环境和上下文动态地调整决策逻辑，通过学习和推理，在面对新情况时做出合理的决策。在数据处理方面，传统软件喜欢稳定的静态数据，而智能体则擅长处理动态、实时的数据，做出快速和准确的决策。

在交互和协作上，传统软件的交互通常是按部就班的，遵循预先设定的规则。智能体则通过更复杂和更灵活的交互模式与用户、其他智能体、环境交互。例如，智能体能理解和处理自然语言，让用户以更自然和更直观的方式与系统交互。智能体也是团队协作的高手，能够与其他智能体协同完成更复杂的任务，通过高效的通信和协调机制，能够在分布式环境中共同解决问题，优化系统性能。

最后，从开发、测试和维护的流程来看，智能体和传统软件在工具和方法上确实存在一些差异。例如，智能体的开发更灵活，需要考虑更多并发和异步处理问题，而传统软件的开发则更严谨，注重模块的独立性和接口的清晰定义。

通过上面的探讨，我们可以清晰地看到，智能体与传统软件在设计理念、实现方式及应用领域上不同。这些不同给软件开发带来了新的机遇和挑战，也为未来软件的设计和实现打开了一扇令人期待的新窗。

3.2.2 智能体在软件开发中扮演的角色

与传统软件设计的严谨和实用相比，智能体的世界更像一个充满惊喜、值得探险的游乐园。在这里，我们不仅关心功能如何实现，性能如何优化，还在意如何赋予软件生命，让它们能自主决策，适应变化，与伙伴合作。智能体不仅丰富了软件的功能，而且使得软件开发和维护充满了未知与惊喜，同时也让软件的性能和可靠性达到了新高度。

借助智能体的力量，软件能够拥有复杂的功能。比如，智能体能够像探险家一样，实时感知环境的变化，并勇敢应对。在智能家居领域，智能体能够敏锐地捕捉温度、湿度和光照的变化，根据需要自动调整家居设备，让家的舒适度升级。在自动驾驶领域，智能体能够实时分析交通情况，做出精准的驾驶决策。智能体之间也能展现出令人眼花缭乱的交互和协作，完成复杂和多变的任务。在智能工厂领域，智能体之间携手合作，优化生产流程，提升效率。

智能体的出现为软件开发注入了新的活力。相比于传统软件开发的固定程序，智能体开发更像一场自由而富有创造性的即兴表演。开发者不再局限于编写和测试代码的传统框架，而是能够深入构建和验证模型的更为广阔和动态的领域中。这种模型驱动的开发方法提升了开发的抽象级别，简化了设计和实现的过程，为软件维护和优化提供了新的可能。智能体的持续学习和优化能力，使软件能在部署后继续进化，以适应环境和需求的变化，像生命一样不断成长。

同时，智能体也让软件具有强大的性能和可靠性。其分布式架构和自治性，使软件的可扩展性和容错能力得以提升。随着系统规模的扩大，只需要简单地招募更多的智能体加入队伍，系统的处理能力就能得到提升。在遭遇困难时，智能体的协作能力能帮助系统快速恢复，保证正常运行。

综上所述，智能体不仅丰富了软件的功能，提高了软件的性能，还引领了软件开发和维护的新方向，为软件设计和实现提供了新的思路与可能性。在智能体的引领下，软件将会变得更智能和更多样。

3.2.3　智能体与传统软件的集成

在现代软件设计上，智能体与传统软件的集成已成为人们热议的话题。这不仅是一种技术层面的融合，还是一次创新思维的碰撞。我们能够将智能体的自我适应、自主和协作能力与传统软件的稳定性相结合，从而极大地拓展系统的功能，并为软件开发与维护带来新的视角和方法。下面介绍集成的策略、优势及可能面临的挑战。

谈到集成的策略，首先闪现在脑海中的是接口设计。一个精心设计的接口能确保数据交流的通畅和交互协议的明确，为智能体和传统软件间的和谐交流奠定基础。除了接口设计，消息传递和事件驱动的机制也是集成的得力助手。通过引入消息队列或者事件总线，智能体和传统软件间的异步通信变得得心应手，简化了交互流程，同时提高了系统的反应速度和可扩展性。在实际的集成上，中间件和集成框架的加入能降低集成的难度。中间件为我们提供了基础的通信、数据转换和事务管理的服务，而集成框架则像一个提供了各种集成模板和模式的工具箱，简化了集成的设计和实现过程。

集成能带来许多不可思议的优势。首先，它能让功能的互补成为可能。智能体擅长实时感知、自主决策和复杂交互，而传统软件则是数据处理和事务管理的高手。这种互补使得整个系统具有智能体和传统软件的双重优势。其次，集成也能提升系统的可扩展性和可靠性。智能体的分布式架构和自治特质使得系统的扩展变得简单，而传统软件的稳定性、可靠性则保证了系统的基础功能和性能。此外，集成也有助于实现系统的快速响应和持续优化。智能体能根据实时数据和反馈快速地做出决策，而传统软件则保证了系统的基本稳定和正确性。

然而，集成并非一帆风顺。从技术上来看，集成增加了系统的复杂性，涉及技术的兼容性、数据的一致性和交互的可靠性等问题。从管理上来看，集成使得系统的维护和管理变得富有挑战性。我们需要考虑如何监控和管理智能体与传统软件的交互，以及如何处理可能出现的错误和冲突。有效地应对这些挑战，可以助力实现智能体和传统软件的和谐集成，进一步发挥集成的优势，提升软件的整体性能和可靠性。

3.2.4 智能体在软件开发中的案例

随着智能体技术飞速发展，它们在软件开发领域中的表现日益突出。通过一些具有代表性的案例，我们可以深入探讨智能体在软件开发中的广泛应用，并揭示它们为这个领域带来的新机遇和新挑战。以下是一些智能体在不同领域中的卓越表现，它们不仅展示了如何协助开发者解决各种现实问题，还预示着智能体技术在未来软件开发中的巨大潜力。

在自动驾驶领域中，智能体扮演了核心角色。智能体能够实时捕捉并分析车辆周围的信息，包括其他车辆、行人及交通信号等，然后根据这些信息编排驾驶的步骤。通过不断地学习和优化，智能体可以持续提高自动驾驶系统的安全性能和效率，同时为乘客提供舒适、便捷的驾驶体验。

在智能家居领域中，通过将多个智能体进行整合，家庭的智能化水平将得到显著提升，从而实现家庭环境的智能调控。智能体能够实时感知家庭的温度、湿度、光照等环境因素，并自动调整家庭设备的布局，以便更好地满足用户的个性化需求。此外，智能体还可以通过学习用户的日常行为模式，提供个性化和优质的服务。

在工业自动化领域中，智能体以其出色的高效性和灵活性，对生产流程重新编排。通过将生产线上的各个角色和系统有机地整合成一个协同工作的智能体网络，我们可以实现生产流程的实时监控和持续优化。智能体能够根据生产流程的编排和资源的布局，动态地调度和协调生产资源，为我们带来生产效率变革。

在健康医疗领域，智能体正为个性化且高效的医疗服务谱写全新的篇章。通过实时感知和分析患者的健康数据，智能体能够为患者提供个性化的健康建议和医疗服务，同时与其他医疗系统和设备协同工作，呈现全面和更准确的医疗表现。

通过这些生动的案例，我们能清晰地看到，智能体技术为软件开发提供了新的思路和可能。通过巧妙地利用和整合智能体技术，我们不仅能解决传统软件遇到的难题，还能为软件的设计和实现探索新的机会。在智能体技术的加持下，软件开发的未来可谓星光熠熠，存在无限可能。

智能体技术为软件开发打开了新的大门，带来了令人振奋的可能性与机遇。智能体与传统软件在诸多核心方面呈现出显著的区别，这些区别为软件的设计、实现和优化探索了新的道路。智能体的自主性、适应性和协作能力让它们在众多复杂且不断变化的环境中成为不可或缺的力量。

展望未来，随着 AI 技术的持续发展，我们可以预见，智能体技术将在软件开发领域起越来越重要的作用。智能体不仅能给软件赋予更多的智慧和动态调整能力，还能给软件的开发、测试、维护提供全新的工具和策略。通过巧妙地利用和整合智能体技术，我们有望设计出更高效、更可靠、更用户友好的软件。

同时，智能体技术也为我们长期面临的一些棘手问题提供了新的解决方案。比如，利用智能体的自我适应和学习能力，我们可以更有效地应对不确定和动态变化的环境，进而提高软件的稳定性和效率。而智能体的协作能力为实现大规模和复杂系统的高效运行提供了新的视角。

当然，智能体技术的进展和应用也伴随着一些挑战和问题，例如如何设计和实现高效的智能体交互协议、如何保障智能体系统的安全和隐私，以及如何评估和验证智能体系统的性能和正确性等。这些问题需要我们在未来的研究和实践中进一步探讨、解决，以推动智能体技术向前发展。

总的来说，智能体技术为软件的设计、开发和优化带来了新的机会与新的挑战。深入理解和合理利用智能体技术，能为未来软件的发展打下坚实的基础，并为解决我们面临的核心问题提供新的思路和方法。智能体技术无疑为软件领域的未来增添了丰富的色彩和无限的可能。

3.3 智能体与 LLM 的关系

探索智能体与 LLM 的关系，如同打开了通向 AI 多维世界的大门。智能体，是一个能自主感知、思考和行动的实体，展现出了解决现实世界问题的非凡能力。而 LLM，是近年来 AI 领域的璀璨明星，通过深度学习和庞大的数据集，掌握了解读和生成人类自然语言的能力，为人机交互和智能服务提供了新的可能。

智能体和 LLM 之间的交错关系不仅揭示了它们之间的互动与协作所产生的协同效应，还为未来软件开发和 AI 应用的新领域探索提供了极具价值的视角。随着技术逐渐成熟，我们有理由期待，智能体与 LLM 的紧密协作将成为解决复杂问题的强大工具。

3.3.1 回顾 LLM 的神奇之处

从研究和发展的角度来看，探讨智能体与 LLM 的关系为我们提供了宝贵的经验和启示。它展示了 AI 技术的多学科交叉和融合的美妙，也为未来的研究和实践指明了新的方向，提供了新的思路。

为了更好地揭开智能体与 LLM 的神秘面纱，我们要先回顾一下 LLM 的神奇之处，尽管在前面的篇章里我们已经略有探讨。

LLM 是个“学霸”，通过深度学习从海量文本中吸取知识，学会了与人类沟通。这不是“Hello, World!”级别的交流，而是能解读我们复杂多变的自然语言，使其成为人机交互和智能服务的得力助手。

知识嵌入是 LLM 的看家本领之一。比如，LLM 能轻松地回答“首都是什么意思”或“水的化学式是什么”这类问题，都得益于它在训练过程中的勤奋学习，而且它能理解上下文，为复杂的查询提供合理的回答，聪明过人。

LLM 也具有可微分性。通过一些优化算法，我们可以继续训练它，让它为特定任务量身定做。想让它理解专业术语或符合特定格式？没问题，一些额外训练就能搞定！

在现实应用中，LLM 能轻松地应对各种问题。它能告诉你“谁是第一个登上月球的宇航员”，还能教你“如何解线性方程组”，提供示例和解释，简直是一个移动的图书馆。

不过，LLM 并非没有缺点。它的训练和运行需要大量的计算资源与数据，它有时还可能展现出一些不可预测的行为，特别是在面对一些新奇的情况时。

通过回顾，我们得以更清晰地理解 LLM 如何与智能体交手，以及它们如何携手共进。

3.3.2 智能体与 LLM 的交互

在探讨智能体和 LLM 的交互时，我们可以将它们视为一个高效协作的团队。在这个团队中，每个组成部分都像一名专业的员工，它们各司其职，紧密合作，共同解决问题，仿佛在完成一项复杂的团队任务。

首先，借助LLM，智能体学会了人类的语言，不仅能听懂我们的需求，还能与我们顺畅地交流。比如，在智能家居系统中，我们只需要说出“打开客厅的灯”或“调低空调温度”，LLM就能帮助智能体理解并执行这些指令，就像一个翻译官。

想象一下，我们想通过声音控制家中的智能设备，说：“请把客厅的灯调到最亮”。这时，智能体通过LLM瞬间捕捉到我们的意图，轻松地将我们的请求转化为具体的控制信号，客厅的灯瞬间就亮了起来，简单、快捷，一切就像变魔术一样神奇。

其次，LLM就像智能体的知识宝库。在面对棘手的问题时，智能体可以从中获取丰富的知识，做出更明智的决策。比如，在一个智能医疗咨询系统中，智能体可以从LLM中获取与疾病相关的知识，为用户提供精准的建议，就像一个随时待命的医生。

不仅如此，LLM还能帮助智能体推理和决策。它能模拟人类的思考过程，帮助智能体评估不同的方案，做出最优选择。例如，在智能交通管理系统中，智能体可以借助LLM评估各种交通控制方案，找出能让交通更流畅、更安全的方案。

通过智能体，我们也能更有效地利用LLM的资源。根据实际需求，智能体能动态地调配LLM的资源，提供高效、个性化的服务。比如，在一个多语言的客服系统中，智能体能根据用户的语言偏好，选择合适的语言模型，确保每位用户都能得到准确、友好的服务。

一些知名公司，比如IQVIA、Anthropic和SAP已经开始探索如何通过LLM来提高生产效率和客户满意度。例如，IQVIA通过运用先进的LLM，有效地处理并分析了复杂的临床试验报告。这不仅显著提高了从这些报告中提取重要信息的准确性，还大幅提高了分析效率。而由LLM

驱动的聊天机器人（如 Claude），能比人类客服更快地解决问题。

最终，智能体和 LLM 的紧密配合为众多新领域和应用敞开了无限可能的大门。无论是智能助手、智能监控，还是内容生成和智能搜索，它们的协同作用都为我们揭示了一个个激动人心的全新视角和无尽可能，让我们看到了技术为未来所带来的美好前景和无限希望。

3.3.3 智能体与 LLM 的合作实例

在探索智能体和 LLM 的合作时，走进实际的企业会让我们得到更多的启示。首先，我们看一看一些前沿的企业如何让这两位“伙伴”携手优化智能客服系统。比如，OpenAI 的 GPT-3 模型，已经成为多家智能客服应用的得力助手。一款由 Pandorabot 公司开发的聊天机器人 Kuki 借助 GPT-3 展现了高超的 NLP 技巧，极大地提高了智能客服的效率和客户满意度。有了 GPT-3 的帮助，Kuki 能够轻松地理解客户的各种问题，并给出自然、准确的回应。而智能体的任务是细心协调这个交互过程，确保一切运行顺畅，响应及时。

再来看一看内容推荐系统。以 Netflix 为例，它拥有一个非常聪明的推荐算法，能够综合用户的浏览记录、观看历史、内容元数据和其他用户的行为给出推荐。虽然 Netflix 并没有透露是否使用了 LLM，但我们可以想象，有了 LLM 的加持，智能体能更准确地理解用户的文本查询和反馈信息，从而给出个性化的推荐。而 LLM 也能帮助智能体更好地理解内容的文本描述，提高推荐的准确度。智能体会根据这些信息调整推荐策略，为用户呈现更优质的体验。

除了这些，还有更多领域和企业使用智能体和 LLM 协同工作。比如，在自动文摘和信息检索领域，LLM 能帮助智能体快速处理海量文本数据。借助 LLM，Grammarly 公司的产品能实时提供更准确、更自然的文本修正建议，智能体则负责管理用户交互和个性化设置，就像一个贴心的写作助手。

在教育技术领域，智能体和 LLM 的合作也展现了不小的潜力。一些教育技术公司已经开始探索利用 LLM 提供个性化学习体验。比如，Squirrel AI 公司就可能利用 LLM 理解学生的问题和反馈意见，为他们量身定制学习资源和指导，让学习变得更有趣、更有效。

通过这些实际的企业案例和应用，我们不难看出，智能体和 LLM 的协同工作不仅解决了实际问题，还为企业带来了显著效益。同时，它们的合作也给未来 AI 的研究和应用照亮了道路。随着技术的不断进步和企业的实践积累，我们有理由期待，智能体和 LLM 的合作将在未来得到更广泛的应用与发展，给我们的生活带来更多的可能和惊喜。

3.3.4　智能体与 LLM 融合中的技术挑战

在将智能体和 LLM 融为一体的过程中，技术挑战层出不穷。首先，实时性是个问题。在诸如智能客服和内容推荐的场景中，系统要在短暂的时间里给出答案，这就要求智能体和 LLM 的交流要快、要准。但问题是，LLM 常常占用大量的计算资源，使得实时性和响应速度时有波动。

对于实时性，有一个思路是优化 LLM 的架构和参数，降低计算负担，提速处理。同时，利用高效的硬件和分布式计算框架也能为解决问题加把劲。更有甚者，通过智能调度和负载均衡的“黑科技”，我们能让系统在高负载的时刻保持稳定和即时的反应。

其次，准确性和可靠性也是难题。LLM 能生成流畅、自然的文本，却也可能给出错误或不准确的信息。在一些严肃、严谨的场合，比如医疗诊断或法律咨询，小错误也可能引发大问题。所以，如何保证智能体和 LLM 输出的信息精准、可靠，成了一道技术难题。

对此，一种解决思路是使用专家系统和知识图谱共同决策，同时利用多模态和多源的信息来提高系统的准确度。通过持续的监控和评估，我们能及时地捕捉和修正系统的小错误，确保信息准确、可靠。

最后，安全性和隐私保护也是重要的考虑因素。在与 LLM 交流时，用户的数据和隐私可能暴露在风险中。LLM 也可能被不怀好意的用户利用，产生不良信息。

为了解决安全性和隐私保护的问题，我们可以引入加密、匿名化和差分隐私等防护伞，同时设立严格的访问控制和审计机制，防止恶意访问和数据泄露。

总而言之，通过技术创新和合理设计，我们有望解决智能体和 LLM 整合过程中的技术问题，朝着打造更高效、更准确和更安全的系统的目标迈进。

3.3.5　对智能体与 LLM 合作的展望

科技的快速发展正将智能体和 LLM 的合作推向各个领域的前沿。像 GPT-4 这样的 LLM 及其继任者将引领我们进入一个新时代，其对语言的理解和生成将更精准、更自然。同时，智能体技术也在不断进步，将进一步提高 AI 系统在协调、管理、决策支持方面的效率和灵活性。这些技术的结合预示着 AI 在未来能更好地服务于人类，实现智能化、高效化的应用。

未来，创新的应用将如雨后春笋般涌现。比如，在医疗、教育和娱乐领域，智能体和 LLM 的合作可能会提供个性化、高效的服务。在医疗领域，智能体能悉心管理患者的信息和请求，而 LLM 则能够深入理解医学文本，并生成医学建议。在教育领域，智能体和 LLM 的合作可以让我们得到定制化的学习体验和即时的教学支援。在娱乐领域，智能体和 LLM 的合作可能会为观众献上更丰富多彩的内容，让其获得更好的体验。

同时，随着隐私保护和安全技术的发展，我们有理由期待，智能体和 LLM 的合作将在守护用户数据和隐私的路上走得更稳、更远。新技术和新标准，比如同态加密和差分隐私，可能会被一起使用，助力确保用户数据的安全和隐私的保护。

当然，我们也要清醒地看到，智能体和 LLM 的合作也会带来一些新的挑战和议题。比如，如何保证可解释性和可靠性、如何应对不准确或错误的信息，以及如何避开模型偏见和歧视的陷阱，都是未来研究和实践的重要课题。

总的来说，智能体与 LLM 的结合有广泛的应用前景。通过融合智能体在协调和决策方面的能力与 LLM 在语言理解和生成方面的强大功能，我们不仅能有效地解决现实世界中的复杂问题，还能推动 AI 技术持续进步。这种融合为未来智能系统的设计和发展提供了宝贵的参考意见与灵感，预示着 AI 在解决实际问题和创新研究中有巨大潜力。

第4章　智能体的核心技术

4.1　NLP

在 NLP 中，AI 和语言学紧密结合，目的是让计算机能与我们用自然语言交流。随着科技飞速发展，NLP 已成为现代社会和技术领域的热门话题，被广泛应用于搜索引擎、智能助手、机器翻译和情感分析等诸多领域。

NLP 让智能体能够与人类交流。它让智能体能理解我们的指令、请求和反馈意见，回应得既自然又准确，甚至能在某些时刻模拟人类的交流风格。比如，在智能客服系统中，借助 NLP，智能体能够明白用户的问题，提供准确的答案，大幅提高服务效率和用户满意度。

4.1.1 NLP 的核心技术

NLP 不仅让智能体的交流能力大幅提高，还丰富了它们的功能，拓宽了应用的范围。比如，通过情感分析，智能体能感受到用户的情感和喜好，从而为他们提供个性化、精准的服务和推荐。通过机器翻译，智能体能跨越语言的障碍，为全球范围内的用户提供无障碍的服务和技术支持。

NLP 的核心技术揭示了智能体与人类交流的奥秘。首先，我们从语言模型开始介绍，它是 NLP 的基石。从简单的 N-Gram 模型蜕变到现今的神经网络，比如循环神经网络（RNN）、长短时记忆网络（LSTM）和变压器模型（如 BERT 和 GPT 系列），语言模型的进化让智能体能够洞察语言的深层结构和语义，为流畅交互奠定了基础。

在自然语言理解（Natural Language Understanding，NLU）和自然语言生成（Natural Language Generation，NLG）的协同作用下，智能体可以准确地理解用户的意图。通过 NLU 的深入应用，比如，通过实体识别和意图分类，智能体能够精准捕捉用户请求的核心，并洞悉他们的真实需求。NLG 则赋予了智能体自然、准确和流畅回应的本领。这两大技术强强联手，让智能体与用户的交流更自然和更高效。

除了基础的 NLU 和 NLG，知识图谱和信息检索技术也是 NLP 的核心组成部分。知识图谱为智能体提供了一个结构严谨的知识宝库，帮助它们理解并回答用户的问题。高效的信息检索技术让智能体能在海量的文本数据中快速找到答案，不仅加快了响应速度，还能为用户提供更准确、更丰富的信息。

多模态处理在 AI 技术中扮演着不可或缺的角色。NLP 不再局限于文本处理，而是与语音识别和图像识别等技术相结合，共同构成多模态处理的体系。这种融合使智能体能够理解和处理多种类型的输入，包括语音指令和图像查询。这种进步为用户带来了更丰富和更多元的交互体验，扩大了 AI 在现实世界中的应用范围，也加深了应用的深度。

2023 年，NLP 领域涌现出一系列新趋势，充分展示了其最新技术进步和广泛的应用场景。比如，虚拟助手和多语言模型的进步让智能体能为全球用户提供个性化和无障碍的服务。情感分析和命名实体识别技术让智能体能更精准地感知用户的需求和情感，从而提供更准确、更让人满意的回应。同时，文本摘要和语义搜索技术让智能体能从海量的文本数据中快速捕获相关信息，而迁移学习和强化学习赋予了智能体更强大的学习和适应能力。

这些核心技术赋予了智能体强大的 NLP 能力，让它们能更好地理解用户的需求，提供更准确和更让人满意的回应。随着 NLP 技术不断发展，我们有理由期待，未来的智能体会提供更智能、更人性化的交互体验。通过本章的探讨，我们不仅能更深入地理解 NLP，还能展望智能体未来的交互可能。

4.1.2　伦理、偏见与技术挑战

在 NLP 发展的过程中，伦理和偏见问题愈发显现，成为无法回避的挑战。2023 年，美国政府推出了具有划时代意义的《AI 权利法案（草案）》，这一举措标志着在自动化系统的设计、应用和部署过程中，道德和伦理指导迈出了重要一步。该草案的核心目的是确保 AI 技术的使用不

仅公正无偏，而且安全可靠，将理论上的伦理规范转化为具体的实践指南。通过这一法案，美国政府致力于在保障技术创新的同时，确保公民的权利和安全不受侵犯，推动 AI 技术朝着更加负责任和可持续的方向发展。在加拿大，类似的法律也正在编写，以保护公民的数据隐私和消弭算法的偏见。这些展现了国家解决 NLP 中伦理和偏见问题的决心与动作。在这样的时代背景下，研究者与开发者勇往直前，探寻技术与规范的解决之道，比如通过算法审计和偏见侦测，为 NLP 系统的公正和透明披上“保护铠”。通过跨学科的联手和法律、技术、社会学知识的交汇，我们的目标是走向更公正、更安全和更可信的 NLP 技术未来。同时，随着公众对 AI 和 NLP 技术理解的加深，明智和负责任的技术使用与监管环境也将逐渐成形。

在 NLU 领域也有诸多技术挑战，其中语义理解是核心难题。这是因为自然语言具有复杂性和多样性，语言的含义不仅是字面上的符号，还包含语境、双关和暗示等。例如，“Bank”这个英文单词，既可以指代金融领域，也可以指代河流边缘，正确解读其含义并非易事。同时，上下文对于理解词语至关重要，没有正确的上下文，词语的真谛很难被准确解读。除此之外，多语言和方言处理也是该领域面临的重大挑战。世界上的众多语言和方言各具特色，其语法和词汇库各不相同。即使是同一种语言，不同的方言也可能导致理解上的障碍。因此，对于 NLU 来说，如何解决这些难题是至关重要的。

为了解决这些问题，研究者们和工程师们已经提供了多种解决途径。例如，通过将知识图谱融入 NLP 系统，可以帮助系统更好地洞察语义和上下文的奥秘，并洞悉实体间的联系和特性。此外，实时处理和反馈机制也是解决这些问题的有力工具。通过实时捕捉用户的反馈意见和声音，系统能够不断地学习和进化，从而加深对自然语言的理解。

4.1.3 NLG

隐藏在 NLG 背后的，是将冰冷的计算机数据转化为温暖的人类语言的能力。NLG 是 NLP 大家族中的一员，致力于实现数字世界与文字的无缝衔接。在我们的对话中，NLG 让聊天机器人能够生成连贯的语言回应。当我们阅读网络新闻时，NLG 能够帮助自动新闻生成系统创作出流畅的文章。当我们查看自动生成的报告时，也是 NLG 在背后处理和编排文本。以 OpenAI 的 GPT-4 模型为例，它展示了在各种 NLG 任务中创造自然、流畅语言表达的能力，这进一步提高了 AI 在语言处理领域的应用效果。

近年来的研究焦点是如何提升生成文本的质感、精准度与多彩度。展望未来，NLG 将与多模态处理技术相结合，生成图像、音频和视频等。这些令人激动的进展预示着 NLG 将持续升华，为各个应用赋能，展现出更强大的支援力量。

在创意写作领域，NLG 为作者勾勒出富有创意的蓝图或引领全新的写作路径。教育领域同样受益于 NLG 的卓越贡献，其自动生成练习题的功能或为学生提供实时反馈的特性，均展现出技术的无尽潜能。随着技术持续发展，NLG 在更多领域中的应用将进一步拓展，例如编写个性化的营销内容、自动撰写技术文档等。

每个应用的背后，都潜藏着 NLG 通用和特定的挑战，比如如何保持文本的连贯性、如何处理不同领域的知识和语言风格。截至 2023 年 12 月，最新的研究和实际应用正在探求如何开发 NLG 的潜力。比如，有的研究正尝试引入更多的上下文感知和领域知识，让生成的文本更准确、洞察力更强。

展望未来，随着技术飞速发展，我们期盼 NLG 能为更广泛的应用和更高质量的自然语言文本生成提供有力的支援，为日常生活和工作提供更多的便利和可能性。与多模态处理技术的结合，也将让 NLG 有更好的应用前景，赋予它处理和生成包含多种类型数据的能力，奠定打造更智能和自我适应的 NLP 系统的基石。

NLG 的进步正悄悄地打开新的应用领域的大门，如自动化的客服系统、个性化的内容推荐和定制化的数字助手等。借助机器学习技术的飞速进步，NLG 系统能更深刻地理解用户的需求和意图，提供更精准和个性化的回应。

与此同时，多模态处理技术正与 NLG 紧密结合，为用户提供包含图像、音频和视频的丰富的多媒体体验。未来，随着技术继续进步，我们期盼看到 NLG 在更多领域绽放光芒，让人们的日常生活和工作获得更多便利。

4.1.4 多模态处理和 NLP

随着 AI 开启新的纪元，多模态处理与 NLP 的交叉领域成了研究焦点。它们的结合，就如同诗与画的完美融合，旨在“培育”出能够理解和生成包括文本、图像、音频、视频等不同模态数据的智能算法。在这个交叉领域中，NLP 与多模态处理相互补充，共同构建出更强大的语义理解能力。

每种模态的数据都带有独特的信息印迹。这些不同模态的数据相互交错，相互补充，共同绘制出一幅丰富而生动的语义景象。多模态处理在此基础上，分析这些不同模态的数据，挖掘跨模态的信息精髓和内在联系。这样，文本的叙述便能与图像、视频、音频的表达相互交融，共同编织出一种更加丰富和深刻的语义表达。

为了更好地整合多模态处理与 NLP，多模态表示学习和跨模态关联建模变得至关重要。多模态表示学习使用深度神经网络将图像、文本等不同模态的数据转换为统一的向量表示。跨模态关联建模则负责学习和理解不同模态表达之间的关系和相互作用。通过这两种技术的应用，不同模态的数据能够被有效地融合，从而在多模态的应用场景中得到更加丰富和深入的理解。

在多模态对话系统中，音频和图像相互补充，助力更深刻地理解用户的意图。多模态翻译展现了将图像内容转换成文本描述，以及将文本信息转换为相应图像的能力。多模态虚假检测则利用文本与图像之间的不协调，洞察信息的真伪。这些都成为多模态处理与 NLP 结合的精彩展现。

显而易见，多模态处理与 NLP 的精妙结合，赋予了 AI 系统处理复杂信息的力量，让其可以实现真正的智能交互。随着数据集的扩大和算力的提升，这个领域正以不可阻挡的势头向前发展。我们有理由期待，在不远的未来，将有更丰富多彩的智能交互体验。

4.1.5　回顾和展望

NLP 技术的发展历程复杂且多变。起初，统计语言模型凭借词频等统计方法构建了语言的基础框架。随后，神经网络语言模型的出现，通过引入词向量，增强了语义信息处理能力。目前，预训练语言模型利用大量数据训练，极大地提高了 NLU 和 NLG 的能力。

在语音识别、机器翻译和对话系统等领域，NLP 技术的应用越来越广泛。例如，Transformer 架构改进了长序列数据的处理效果，预训练语言模型的兴起则推动了 NLG 的发展。同时，NLP 与多模态处理技术的结合也大大地拓展了应用范围。

展望未来，增强 NLP 的泛化能力，依然是重要的方向。要想实现对更丰富场景的语义理解，挑战重重。多语言之间的流畅转换、对低资源语言的支持，都需要我们持续努力与探索。随着语料的丰富、算力的增强及 NLP 技术与其他 AI 技术的融合，我们有理由相信，NLP 将取得更大的突破，让机器的语言能力更接近我们——聪慧的人类。

4.2 从 ChatGPT 到智能体

随着科技的发展，NLP 在智能领域取得了显著进步。ChatGPT，作为一个基于 GPT-3 架构的模型，具备了出色的语言生成和理解能力，有效地改善了人机交互体验，并为智能体的发展提供了技术支持。它利用深度学习技术来理解和生成人类的自然语言，展示了深度学习在处理复杂任务方面的潜力。

智能体是一种能够理解并执行特定任务或提供特定服务的自动化系统。其与传统编程方法的主要区别在于，智能体能够通过学习和自我适应，不断地提高自身的能力。ChatGPT 作为一种具有突破性的自然语言聊天机器人，为智能体的设计与实现提供了重要的参考。它展示了 AI 与 NLP 技术的完美结合，为构建更智能、自我适应的智能体提供了明确的指引。这一演变不仅让我们对 AI 的未来充满了期待，还让我们在构建能够实现理解与交互的系统方面获得了更清晰的认识。

ChatGPT 的崛起让我们看到了人机交互未来的无限可能。在科技的快车道上，NLP 技术将持续驰骋，ChatGPT 和未来的智能体将共同谱写智能科技的新篇章。

4.2.1 ChatGPT 的特点

ChatGPT 的横空出世，无疑是 NLP 技术走向成熟的里程碑之一。它使用 GPT-3（Generative Pre-trained Transformer 3）的架构。这个预训练的深度学习模型凭借其出众的语言生成能力，向世界展示了无穷的可能。从 GPT-3 的诞生到 ChatGPT 的演进，不仅是技术的跃升，还是我们在构建能够理解及生成自然语言模型道路上的重大进展。

ChatGPT 继承了 GPT-3 的优秀基因，拥有庞大的参数库和复杂的网络结构，在处理自然语言任务时表现卓越。它的独特之处不仅是能够流畅地生成自然文本，而且具有理解上下文的能力，能为用户提供有价值的回应。不仅如此，ChatGPT 还能通过持续学习和调整，优化其性能，为智能体的发展提供珍贵的经验。

ChatGPT 的出现，不仅是技术的飞跃，还拓展了新的研究领域。它的成功向我们展示了借助深度学习和 NLP 技术，我们完全有能力构建出具有高度理解和交互能力的系统。这对未来智能体的设计与实现具有深远的意义。

此外，ChatGPT 还为我们展现了如何利用大规模数据和计算资源来构建高效的 NLP 模型。它的成功验证了大数据和强大计算能力的重要性，这对于提升 NLP 模型的性能具有显著作用。这不仅为智能体的发展提供了宝贵的参考意见，还为我们在探索如何构建更智能、自我适应的系统方面指明了方向。

通过深入剖析 ChatGPT，我们得以更清晰地理解如何借助先进的 NLP 技术来加速智能体的发展。ChatGPT 的出现不仅是技术的突破，还为我们展示了构建交互性强的智能体的明确路径，这对我们深入理解和探索未来智能体的设计及应用具有不可估量的价值。

4.2.2 AI 和 NLP 的演进

ChatGPT 的诞生和卓越表现为智能体的演进提供了深刻的启示。从早期的语言模型逐渐演变至现今的智能体，我们目睹了技术的巨大进步和未来的无限可能。ChatGPT 借助其卓越的 NLP 能力，展现了机器学习在理解及生成自然语言方面的威力，为智能体的崛起奠定了坚实的基础。

借鉴 ChatGPT 的基础，智能体进一步拓宽了其应用的领域。它们不仅继承了 ChatGPT 的 NLP 精髓，还将其应用至更广泛的场景中，如智能家居控制、在线客服和虚拟助手等。智能体的出现，使我们得以构建更复杂、功能更丰富的系统，以满足不同领域和任务的多元需求。

随着 AI 技术的不断进步，新的模型（如 BabyAGI 和 AgentGPT）纷纷应运而生。它们在解决问题和推理能力方面展现出了更高的水平。尤其是 AgentGPT，它的设计初衷是在多领域对话中展现出卓越的表现。通过对上下文的精准把握和提供相关回应的能力，AgentGPT 为 AI 系统与人类在各种主题和情境中的交互奠定了坚实的基础。

这种技术的演进不仅反映了 AI 技术的发展趋势，还彰显了 AI 技术在实际应用中的巨大价值。通过将先进的 NLP 技术运用于解决实际问题的场景中，我们得以构建能够理解和响应用户需求的智能体。这不仅是技术的飞跃，还是 AI 技术为社会和经济发展做出贡献的生动体现。

总的来说，从 ChatGPT 到智能体的演变描绘了一幅令人激动的技术进步图景。它展示了 AI 和 NLP 技术是如何相互促进的，为构建更智能和功能更丰富的系统提供了可能性。通过分析这种演变，我们得以洞察未来智能体的发展方向。

4.2.3　技术突破与伦理挑战

技术的飞速发展正将从 ChatGPT 到智能体的演变推向充满无限可能的未来。智能体将逐步融入我们的日常生活，借助 NLP 技术为我们呈现更智能、更便捷的服务。然而，为了实现这一未来愿景，我们面临着诸多技术和伦理等方面的挑战。

首先，在技术层面，核心挑战是如何增强智能体的理解和响应能力，以及如何确保其安全性和隐私保护。未来的研究需要聚焦于进一步优化 NLP 技术，以及探索如何借助大数据和机器学习提高智能体的学习及适应能力。

其次，随着智能体在各个领域的广泛应用，对用户隐私和数据安全的保护显得尤为重要。未来的智能体应该有充足的安全机制以保护用户信息。同时，明确的法律框架和规范指南也需要制定并出台，以指导智能体的开发和应用。

再次，智能体的伦理问题也将逐渐成为焦点。例如，如何确保智能体在处理个人信息和敏感问题时保持中立，以及如何避免算法偏见引发的不公平问题，都是智能体发展道路上亟待解决的重要问题。

最后，随着技术持续进步，我们有望见证更多创新的智能体模型和应用诞生。这些新型智能体将能够应对更复杂、更多样的任务，为我们的生活和工作带来更多便利。通过分析技术的发展方向，我们可以预见，智能体将在未来的技术革新和社会进步中扮演重要的角色。

4.3 智能体的五种超能力

智能体就像我们的得力助手，凭借一些神奇的“超能力”，不仅能解读我们的需求，还能为我们解决问题。现在就让我们一起探索智能体的五种核心“超能力”：记忆、规划、工具使用、自主决策和推理。通过有趣的实例和分析，我们将一探智能体的这些能力如何让它们成为我们生活中的得力助手。

这五种“超能力”彼此连接，相互促进，共同塑造了智能体的基本框架。它们不仅为智能体铺平了发展道路，还为未来的技术创新和社会发展打开了新的视野。通过深入挖掘这些核心能力，我们可以更好地挖掘 AI 技术的潜力。

4.3.1 记忆

记忆能力就像一个超级大脑，让智能体能记住过去的点点滴滴。比如，它能记住你是喜欢喝咖啡还是喜欢喝茶，当你下次访问时，它就会先知先觉地推荐你喜欢的饮料。通过这个“超级大脑”，智能体不仅能学习进步，还能为我们提供定制化的服务，让我们倍感贴心。

让我们一起走进智能体的“大脑”，揭开它的记忆之谜。记忆能力，这个听起来平常的技能，在智能体的世界中却起着重要的作用。它像智能体的私人助理，帮它记住过去的经历和学到的知识，让它能够为我们提供个性化的服务。

首先，我们来了解一下智能体的“长短记忆”。长期记忆像智能体的图书馆，保存了大量的基础知识和常识，而短期记忆则更像一个便签，记录了最近与我们的交流和我们的请求。这两者的合力，让智能体能够在与我们交流时做出准确的判断，让它就像一个懂我们的好友。

记忆能力能让服务变得个性化。它让智能体能记住我们的喜好和需求，当我们下次来时，智能体就能提供精准的建议。比如，智能购物助手会记住我们的购买历史，当我们下次访问时，就能给我们推荐我们可能喜欢的商品。

记忆能力还让智能体变得更“聪明”。以智能医疗助手为例，它能记住我们的医疗历史，为医生提供更准确的医疗建议。不仅如此，智能客服系统也能通过记忆能力，为我们快速地解决问题，提高我们的满意度。

记忆能力不仅能帮助智能体记住用户个人的偏好，还能让它了解一个群体或社区的需求。比如，智能推荐系统可以通过分析多个用户的喜好，为一个社区推荐有价值的产品。

当然，记忆能力还有助于智能体分析复杂的数据和趋势。以智能股票分析系统为例，智能体能通过记忆过去的股票数据，提供精准的股票分析和预测。

记忆能力的魅力不仅在于帮助智能体处理信息和做出判断，还在于为我们提供更准确和个性化的服务。随着技术不断进步，我们有理由期待，未来会有更多“记忆力超群”的智能体为我们的生活增色，为我们的决策提供有益的参考。

4.3.2 规划

规划能力让智能体变成了一个精明的“战略家”。无论面对什么情境，它都能为我们制订完美的行动计划。例如，它能帮我们规划一条避开交通拥堵的路线，让我们的旅途更顺畅。

在智能体的奇幻世界里，规划能力就像它的导航仪，指引它在复杂任务的迷宫中找到出口。借助规划能力，智能体能够梳理任务的需求，拟定行动方案，让我们轻松地完成目标，解决问题。不仅如此，它还能让我们节省宝贵的时间和精力，让生活变得更美好。

首先，我们来聊一聊规划的重要性和智能体的规划奥秘。想象一下，没有规划，智能体就可能像无头苍蝇般乱窜，而有效的规划就是它的眼睛，帮它看清任务的结构，将复杂任务分解成一个个小任务，一步步走向成功。规划不仅降低了任务的难度，还让智能体可以预见可能出现的困难，做好准备，提高任务的成功率。

再来看一看规划能力在实际中的表现。以旅行规划为例，智能体能帮助我们设计最佳的旅行路线，预定舒适的房间，让我们的旅行变得轻松、愉快。在日常工作中，有效的规划也能让我们的时间更有价值，比如，通过合理的时间管理和任务分配，我们能更好地平衡工作和生活。

更多的实际例子也显示了规划能力的价值。想象一下，智能家居控制系统通过规划能力，为我们打造了一个安全、舒适、节能的家居环境。通过实时监控和分析，它还能及时地发现家庭安全和能源管理方面的问题，为我们提供实时的解决方案。

规划能力的应用不止于此，它还能被应用于项目管理和产品设计等复杂领域。比如，在项目管理中，智能体能帮助项目经理分析需求和风险，制订合理的项目计划，确保项目顺利推进。

规划能力是智能体处理复杂问题和实现长期目标的重要功能。

4.3.3　工具使用

工具使用能力，让智能体成了一个“百变大咖”。它能巧妙地利用各种工具和资源，比如利用搜索引擎为我们找到最新的资讯，或者连接到外部服务，为我们的生活带来便利。

工具使用能力是智能体的“魔法扩展包”，让它能够借助外部工具和资源，拥有更多的能力。想象一下，它能够借助各种高级工具，为我们提供丰富多彩的服务，让我们的生活更舒适。随着科技飞速发展，工具使用能力成了智能体的标配，让它能够更好地为我们服务。

我们需要深入理解工具使用能力的含义。它不仅涵盖了智能体操控外部工具的技能，还涉及对工具特性的理解和运用，进而创造价值。比如，智能搜索助手凭借搜索引擎的功能，精准地为我们检索信息，而智能翻译助手则打破语言障碍，让沟通变得畅通无阻。

我们再来看一看智能体如何变戏法，利用外部的工具和资源。它们通常通过应用程序接口（Application Program Interface，API）和插件等，利用外部的工具和资源。比如，智能家居控制系统能通过 API 控制家里的各种智能设备。

以智能健康管理系统为例，它能连接外部的医疗设备和健康数据源，为我们量身定制健康方案。通过实时监测和分析，它能为我们及时地提供健康建议，让我们的生活更安心。

工具使用能力的潜力远不止于此，它还有被应用于复杂和专业领域的可能性。试想一下，如果一个智能法律助手能够与外部的法律数据库相连接，就能够为我们提供专业的法律咨询服务。有了这样的助手，我们在处理法律事务时就能够得心应手，不再为烦琐的法律程序而感到困惑或不知所措。

我们已经探讨了智能体的记忆、规划、工具使用能力，这些构成了智能体的基石，使其能够为我们提供高效、准确和个性化的服务。记忆能力让智能体记住我们的喜好，规划能力为达成目标提供蓝图，工具使用能力让提供多种服务成为可能。

现在，我们将深入探讨智能体的另外两种“超能力”：自主决策和推理。它们是智能体应对复杂任务的双翼，为其提供处理信息和做出判断的基础，同时提升服务质量和效率。自主决策能力使智能体在不同的情境下做出明智的选择，推理能力则深入解析复杂问题，呈现有价值的解决方案。

4.3.4　自主决策

自主决策能力，是智能体在深入剖析所有可用信息和选项后，独立做出决策的能力。这个过程包括搜集与分析信息、评估与比较选项，以及制定与执行最终决策。通过自主决策，智能体能在多种选项和情境中做出符合用户需求和期望的决策，为用户提供满意和有效的服务。例如，在推荐系统中，智能体可以根据用户的兴趣和偏好，做出精准的推荐。

自主决策，这个词听起来很“高大上”。不过，它在智能体的世界里就如同我们在生活中做选择一样重要。它让智能体能够在面对纷繁复杂的信息和不同的情境时，做出合理的决策。今天，我们就来揭开智能体自主决策的神秘面纱，探讨它在各种应用场景中的用途，以及最新的技术是如何使其变得更精准和更高效的。

首先，我们来看一看智能体是怎样一步步做出决策的。它的决策之旅分为三个环节：数据分析、情境评估和选择生成。首先，在数据分析环节，智能体会收集、分析所有与任务或问题有关的信息和数据，确保没有漏掉任何重要的细节。然后，在情境评估环节，它会评估不同的情境和可能性，就像我们在购物时比较不同品牌商品的价格和质量。最后，在选择生成环节，它会基于前两个环节，生成合适的选择，就像我们最终决定购买心仪的商品。

现在，科技的飞速发展大大地提高了智能体的自主决策能力。比如，新的算法让智能体的决策更准确，实时数据分析技术的进步使得它能够更快速地处理大量数据，为我们提供即时的决策支持。多模态学习和边缘计算的发展，让智能体在离线或网络连接较差的环境中也能做出决策，同时新的隐私保护技术也确保了我们的个人信息安全。

通过一些实际的例子，我们能更直观地感受到自主决策的价值。比如，在智能购物助手的帮助下，我们可以根据自己的购物历史和偏好，得到最合适的商品推荐。在智能交通管理系统的指导下，我们可以获得最佳的出行路线，避开交通拥堵。在更专业的应用领域，例如智能投资顾问，通过分析大量的金融数据和市场信息，能够提供基于深入分析的合理投资建议。这类智能系统可以帮助投资者理解市场动态，指导他们做出更明智的投资决策，从而得到更稳定和更可靠的投资收益。

简而言之，通过自主决策，智能体能为我们提供准确、高效和个性化的服务，成为我们解决问题的得力助手。

4.3.5 推理

随着科技发展和智能体的广泛应用，我们期待更多具备强大自主决策和推理能力的智能体出现，为生活和工作带来更多便利与可能性。自主决策和推理能力是智能体提供高质量服务的重要保障，是智能体服务和发展的强大支柱。

推理能力，是智能体通过逻辑分析，从现有的信息、知识中推导出新的信息和结论的能力，包括问题的分析和理解、逻辑的应用和推断，以及解决方案的设计和验证。推理能力使得智能体能够理解、分析复杂的问题和信息，为用户提供准确和有价值的解决方案。例如，在智能医疗服务中，智能体可以通过推理，分析用户的病症和医疗记录，为用户提供合适的医疗建议和方案。

推理，这个听起来有些书卷气的词，让智能体像侦探一样，通过线索和逻辑，解决一个又一个复杂的难题。下面来看一看智能体是如何借助推理，为我们的日常生活带来便利的。

智能体的推理过程就像一场精心策划的冒险旅程，分为三个环节：问题分析、逻辑推断和解决方案生成。首先，在问题分析环节，智能体就像一个细心的侦探，分析和理解用户的问题，寻找解决问题的“线索”。然后，在逻辑推断环节，它运用逻辑，从现有的信息中推导出新的结论，就像侦探通过线索找到嫌疑人。最后，在解决方案生成环节，它根据所得的结论，设计出切实可行的解决方案，为用户解决问题。

智能体的推理能力已经被应用于现代社会的许多领域中。想象一下，在智能医疗服务中，它能够分析你的病症和医疗记录，为你提供合适的医疗建议，宛如一位贴心的家庭医生。在智能法律咨询服务中，它能够通过分析法律案例和数据，为你提供专业的法律建议，简直就是你的法律顾问。

推理能力还能在其他领域中大显身手。例如，在智能金融分析服务中，智能体能通过分析大量的金融数据和市场信息，为你提供准确的金融分析和预测，帮助你在投资的道路上越走越稳。

智能体的自主决策和推理能力的集成与优化就像给智能体装上了超级大脑和眼睛，让它们变得更聪明、更独立。这不仅是智能体技术发展的重要方向，还是它们为我们提供更高质量服务的关键。下面介绍如何通过技术手段让智能体的自主决策和推理能力更上一层楼，以及这两种能力在未来智能体中的应用。

我们从优化智能体的这两种能力谈起。它主要包括三个方面：算法优化、数据处理和模型训练。首先，在算法优化方面，研究者和开发者通过设计更高效和更准确的算法，让智能体的自主决策和推理能力得到飞跃。想象一下，通过深度学习和强化学习算法的优化，智能体在面对复杂情境时能做出更精确的自主决策和推理。

接下来，在数据处理方面，通过改进数据收集和分析技术，我们可以为智能体提供更准确和全面的数据支持，让它们的自主决策和推理更精准，就像给了智能体“火眼金睛”!

最后，在模型训练方面，优化模型训练和验证过程，能让智能体的自主决策和推理能力更上一层楼，让它们在面对各种任务和问题时表现得更出色。

4.3.6 应用展望

智能体具备记忆、规划、工具使用、自主决策和推理这五种核心能力，这些能力使它们能够提供全面、高效和个性化的服务。这些能力不仅让智能体在我们的日常生活中提供帮助，还为未来的技术创新和应用开发铺平了道路。现在，让我们一起探索智能体如何给我们的生活增光添彩。

首先，在智能医疗服务领域，智能体通过记忆能力轻松地分析病人的医疗记录，就像熟悉病人的历史一样。智能体利用规划能力定制个性化的健康管理方案，确保病人得到有效监护。此外，智能体通过工具使用能力获取并分析各种医疗资源，依靠自主决策和推理能力提供准确的诊断和治疗建议。这些能力使智能体成为我们的“私人医生”，时刻关注并保证我们的健康。

其次，在智能法律咨询服务领域，智能体扮演着法律专家的角色。智能体运用记忆能力在查阅历史法律案例和法规时轻松地记忆，利用规划能力制定法律解决方案。智能体还利用工具使用、自主决策和推理能力，提供准确、专业的法律咨询服务。这样一来，智能体成了我们在解决复杂的法律问题时的可靠助手，为我们指明方向。

再次，智能体在智能金融分析领域同样扮演着重要角色。智能体使用记忆能力回顾金融市场的历史数据，基于这些信息，运用规划能力制定合理的投资策略。智能体还利用工具使用、自主决策和推理能力，为我们提供精确的投资建议和风险评估。因此，智能体成了我们在财富管理和增长上的重要助手，确保我们的财产安全。

总的来说，通过综合应用这五种核心能力，智能体能为我们提供高质量和个性化的服务。

第3部分

下一代软件
可以不必是软件

第5章　自然语言带来交互革命

5.1　从图形用户界面到自然语言的进化

5.1.1　交互界面的进化

在科技的舞台上，交互界面的变迁就像一部精彩纷呈的电影，呈现了人类与计算机交流的丰富多彩和日新月异。回溯计算机技术的婴儿期，我们与机器的对话主要通过命令行界面（Command Line Interface，CLI）展开。命令行界面就像一个严肃的老教授，虽然极为聪明，但是需要我们用独特的语言，也就是一串串代码来与之交流。即使简单的操作（如创建和删除文件），也需要我们“念”出特定的指令，这对于非计算机专业的人来说，简直就像在学外语！

随着时间的推进，技术不断升级，人们开始渴望更友好的交互体验出现。于是，图形用户界面（Graphical User Interface，GUI）应运而生。它犹如一个亲切的向导，通过图标、菜单和窗口，为我们打开了与计算机交流的新通道。我们再也不需要记住那些枯燥的代码，可以通过简单地点击鼠标和拖放文件，轻松地与计算机沟通。这种交互的变革，起始于 20 世纪 60 年代到 70 年代，斯坦福研究院的道格拉斯 • 恩格尔巴特和 Xerox PARC 的研究团队，为我们打开了这个神奇的世界。

然而，提到图形用户界面的普及，苹果公司扮演了关键角色。1984 年，苹果公司推出了 Macintosh 计算机，其图形用户界面以简单、直观著称，使得普通用户能够轻松、直接地与计算机交互。这种设计不仅降低了用户的学习难度，还吸引了大量非技术背景的人开始使用计算机，从而极大地扩展了计算机的使用群体。举个例子，有了图形用户界面，我们可以直观地看到文件和文件夹的布局，轻松拖放以便管理文件，不再需要记住和输入那些复杂的命令。同时，它也为软件设计和使用提供了无限可能，比如 Adobe Photoshop 让我们能够直观地操作和编辑图像，而不是在命令行界面里输入复杂的指令。

从命令行界面到图形用户界面，不仅极大地提高了用户的交互体验，还为计算机技术的普及和发展奠定了坚实的基础。随着图形用户界面的普及，计算机逐渐走入千家万户，为未来交互界面的进一步发展和变革铺垫了道路。

5.1.2 图形用户界面

图形用户界面的出现极大地改变了计算机的交互方式，为用户带来了更直观、更易于理解的操作体验。它不仅改变了个人和企业使用计算机的模式，还推动了软件设计和开发的创新。

回顾 20 世纪 80 年代和 90 年代，Microsoft Windows 和 Apple Macintosh 通过友好的图形用户界面，使更多人能够轻松地进入计算机的世界。特别是 Windows，它为众多软件开发者提供了一个共同发展的平台，从而促进了个人计算机的普及。

图形用户界面的普及也助推了互联网的发展。最初的 Netscape Navigator 和后来的 Internet Explorer 使得浏览网络变得易于上手，之后的 Firefox 和 Chrome 等现代浏览器进一步提升了网络浏览的体验。

提到图形用户界面的重大贡献，不得不提及 Microsoft Office 办公套件。这一办公套件彻底改变了文档编辑、表格处理和演示制作的方式，使这些任务变得更加易于处理。通过直观的图形用户界面，Microsoft Office 办公套件为广大用户提供了高效、直接的操作体验，极大地提高了办公效率和便捷性。

与此同时，社交网络的大火让我们的社交体验快速提高。Facebook 和 Twitter 等社交平台，通过图形用户界面，让分享和交流变得简单、有趣。

当然，随着应用的多元化和复杂化，图形用户界面的一些局限性逐渐露出水面。例如，它可能会因为过于复杂而让人感到头疼，或因为占用较多系统资源而稍显臃肿。但不可否认的是，图形用户界面为计算机技术的普及和发展打下了坚实的基础，为后来的自然语言交互的崛起提供了宝贵的经验。

5.1.3　自然语言交互

自然语言交互的崛起就像打开了人机交互新世界的大门，让我们可以用更亲切、更自然的方式与计算机聊天。它像一个既聪明又懂礼貌的翻译官，能够准确地理解我们的话，并且热心助人。

在刚开始时，自然语言交互主要应用于自动电话应答系统和语音识别软件中。随着技术的成熟，它开始在更多领域崭露头角。比如，现在大家耳熟能详的语音助手（像苹果的 Siri、亚马逊的 Alexa 和谷歌助手）就是自然语言交互的佼佼者，能够聪明地理解我们的需求，并提供贴心的帮助。

这种新的交互方式，使得我们能够直接与计算机进行对话，轻松地获取所需的信息，而无须烦琐地在图形用户界面中寻找。例如，若想了解今天的天气，则只需简单地询问语音助手，它便能立即提供答案，省去了打开天气应用并搜索相关信息的步骤。这大大地提高了信息获取的效率和便捷性。

随着 NLP 技术的进步，自然语言交互的准确率和理解能力也得到了飞跃式的提高。机器学习让它能够更好地理解我们复杂多变的语言表达，为我们提供精准、个性化的服务。

有趣的是，自然语言交互和图形用户界面现在开始密切协作，共同推动了多模态交互的发展。用户现在可以根据个人偏好选择使用图形用户界面、自然语言交互，或者同时使用两者，以获得最佳的交互体验。这种灵活的交互方式满足了不同用户的需求，提高了操作的便利性和效率。

自然语言交互的发展使计算机变得更加用户友好，同时为未来交互设计的发展开辟了新的道路。我们将进一步探讨自然语言交互与图形用户界面的结合，以及它们如何共同推动现代应用和服务设计的创新。这两种交互方式的融合预示着未来将有更多令人兴奋的交互体验出现。

5.1.4　会话界面兴起

自然语言交互技术迅速发展与广泛应用，与传统的图形用户界面相结合，为我们提供了丰富的交互体验。这种结合不仅增加了交互的多样性，还为应用和服务设计带来了创新。

在现代应用和服务中，自然语言交互和图形用户界面的结合变得普遍。例如，在智能家居控制系统中，用户可以通过图形用户界面操作智能设备，也可以使用语音命令进行控制。这种多模态交互方式满足了用户在不同场景下的需求，提供了便捷、灵活的操作选择。

一些前卫的应用已经率先尝试将自然语言交互和图形用户界面相结合，打造全新的交互体验。比如，Google 搜索服务让我们可以通过文本键入或语音输入轻松搜索，而图形用户界面则将搜索的结果展现在我们的面前，还能帮我们精准筛选和排序。这样的结合，让搜索既高效又令人愉悦。

不仅如此，一些尖端的企业级应用也采用了自然语言交互和图形用户界面相结合的方式。在数据分析和报告系统中，用户只需要用自然语言提出心中的疑问，系统就会依照用户的问题，展现出相应的图表和报告，降低了操作的难度，提升了系统的智慧和用户体验。

最近，会话界面的流行也彰显了自然语言交互的魅力。它懂得解读我们的语言，为我们提供合适的回应。多种输入和输出方式的集成，如文本、语音和视频，已成为设计的新趋势。这让我们可以随心所欲，根据自己的喜好和场景，选择最舒服的交互方式。比如，我们与语音助手对话，既可以通过语音命令，也可以通过屏幕触控，从而获得了无缝且高效的交互享受。

通过自然语言交互和图形用户界面的结合，我们得以探索并享受多样化的交互体验。这为未来的交互设计带来了无限的可能。下面将深入研究这两种交互方式的融合，以及它们如何共同为现代应用和服务设计注入新的活力与创意。

5.1.5 交互界面的未来

随着 NLP、机器学习的不断进步，自然语言交互的准确性和理解能力正在逐步提高。这使得自然语言交互变得主流和有效，为应用和服务设计指明了发展方向。借助于更先进的自然语言交互，未来的应用和服务能更好地理解用户的需求与意图，提供个性化和人性化的交互体验。同时，这也为开发者提供了新的设计灵感和开发思路，推动了交互设计领域的创新。

自然语言交互已经在现代应用和服务设计中具有重要的作用。它改变了我们与计算机交流的方式，使得对话更加自然和直接，同时为开发更直观、用户友好的应用开辟了新路径。借助自然语言的理解和处理，应用呈现出更自然和更直观的交互方式，使用户在使用过程中操作更顺畅。自然语言交互的发展预示着交互设计正朝着更自然、更人性化的方向发展，为未来的应用和服务设计指出了新方向。

从 ChatGPT 到智能体，我们看到了 NLP 技术在交互设计中的重要作用。从早期的图形用户界面到现代的自然语言交互，技术的进步使我们与计算机的交互更加直观和自然。

5.2 如何改变用户体验

用户体验（User Experience，UX）是产品或服务与用户之间的重要桥梁，犹如一面明镜，能够清晰地映射出用户在使用我们提供的产品或服务时的真实感受和满足程度。它细致入微地捕捉了用户在与产品互动过程中的每一种情绪、每一个动作和每一种思想。优秀的用户体验能够让用户沉浸其中，激发他们与产品之间的情感共鸣，并逐渐拉近他们与我们之间的心理距离。用户在体验中感受到的满意，将化作一股强大的动力，推动着他们继续使用我们的产品或服务。

随着数字技术快速发展，用户体验已成为产品设计和开发的关键因素。在互联网和移动应用领域，优秀的用户体验是产品成功的关键。因此，企业和开发者都在致力于优化用户体验，以满足用户的需求和期望。

在这个进程中，自然语言交互成了一个重要的发展方向，为用户体验带来新的改进。自然语言交互是更自然、更直观的交互方式，旨在增强用户使用过程中的愉悦感和满足感。它不仅改变了传统交互的方式，还增加了交互的情感和理解。接下来，我们将探讨自然语言交互如何通过改善用户体验，为交互设计带来改变。

5.2.1 用户体验演变

用户体验的发展伴随着计算机和互联网技术的进步逐渐成形。当计算机技术刚开始普及时，用户体验主要集中在产品的功能性和效率上。那时的技术限制使得用户体验设计相对简单。随着时间的推移，尤其是互联网的兴起，设计师和开发者开始更多地关注用户的感受与满意度，逐渐转向设计更直观、更令人愉悦的交互方式。

进入 21 世纪，智能手机和移动互联网的兴起为用户体验设计带来了新的挑战与机遇。应用的交互设计开始趋向于更简单、更直观和更人性化。自然语言交互的出现标志着用户体验进入新阶段。

随着 AI 和 NLP 技术发展加快，自然语言交互为用户体验带来更大的想象空间。它有望使产品和服务更智能、更人性化，让用户满意和愉悦。现在，无论是在智能家居、在线购物还是在客户服务方面，自然语言交互都在逐渐改变用户的交互和体验，展现出巨大的潜力和价值。

从 2022 年开始，虚拟和远程工作文化显著地改变了 UX/UI（User Interface，用户界面）设计的方向。进入 2023 年，一些新的设计趋势（如暗模式、新拟态设计、动态交互和高级微交互等）开始流行。这些趋势不仅为用户提供了更舒适和更愉悦的体验，还给设计师和开发者带来了新的灵感与创作空间。

5.2.2 自然语言交互崛起

自然语言交互的出现显著改善了用户体验。它使用户能够像与朋友聊天一样自然和直观地与数字产品和服务进行对话，从而让交互过程变得轻松、愉快，让体验更加生动、有趣。与传统的图形用户界面相比，自然语言交互更加灵活和智能，可以帮助用户更轻松地理解和使用产品。此外，它还能理解用户的需求和意图，提供定制化的服务和体验，让每位用户都能感受到个性化的关注和满足。

在自然语言交互的陪伴下，用户不再需要学习复杂的指令或者界面操作，只需用自己的话语就能与应用或服务愉快地交流。这种交互方式符合人们的自然交流习惯，降低了用户在使用产品时的学习难度，使得用户与产品之间的距离更短。自然语言交互让用户体验到了多样化的交互方式，包括文本、语音和手势等。这使得用户能够方便地与各类应用或服务进行交互。在智能助手、智能家居、在线客服等领域，自然语言交互已经成为提升用户体验的关键技术。它不仅提供了便捷和贴近用户需求的交互体验，还在不断优化中提高服务质量和用户满意度，像一个持续工作的助手。

自然语言交互为设计师和开发者提供了一个创新与探索的平台。设计师可以借此创造新的交互模式和体验设计，丰富用户的交互体验。对于开发者来说，它提供了技术挑战和创新的机会，推动用户体验设计持续进步。

5.2.3　未来展望

现代用户希望能够自然地与数字产品和服务互动，而自然语言交互正好满足了这个需求。它极大地提高了用户满意度和使用效率。自然语言交互使得用户更容易使用产品，降低了学习难度，增加了产品的亲和力。随着 NLP 技术的进步，自然语言交互的准确性和效率得到了显著提升，进一步推动了用户体验的改善。

通过一些应用案例，如苹果公司的智能助手 Siri 和亚马逊的 Alexa，我们可以更生动地感受自然语言交互如何让用户体验焕发新生。在线购物平台和在线教育平台也借助自然语言交互为用户展现了个性化的体验，帮助他们轻松地找到心仪的商品和理解学习的内容。

自然语言交互已成为现代用户体验设计的风向标。随着技术的不断进步，自然语言交互将在更多领域得到应用，推动用户体验设计的创新。未来，自然语言交互将继续深刻影响用户体验的进化，为用户、设计师和开发者描绘出一幅充满可能和机会的精彩图景。

第 6 章　高度自动化带来生产力革命

6.1　人机协同的方法和框架

6.1.1　人机协同的重要性

在技术的支持下，人机协同已成为现代工作和创新的关键因素。随着 AI 技术飞速进步，机器已经摇身一变，从简单重复执行任务的小助手变成能够与人类紧密合作，共同完成复杂任务的得力伙伴。虽然人机协同早在计算机技术的萌芽期就已经出现，但是技术的飞速发展让它的概念和应用得到了拓展与深化。应用程序（如 GitHub Copilot 和 Windows Copilot）展示了人机协同的强大潜力和实际价值。它们通过智能化的辅助，显著提高了用户的工作效率和创新能力。这些工具代表了人机协同技术的发展方向，展现了如何有效地结合人类智能和机器智能来优化工作流程与创新过程。

人机协同的神奇之处不止于此，它还为许多传统行业插上了创新的翅膀，点燃了工作方式和业务模式创新的火花。比如，在医疗、教育和制造等领域，人机协同已经开始大展身手，为人类解决了许多复杂且棘手的问题。在本章中，我们要深入阐述人机协同的核心目标、方法和框架，以及它如何在实际应用中推动生产力的提升和未来工作模式的创新变革。通过对人机协同的深入探讨和理解，我们期望为读者提供有价值的启示，为未来的人机协同应用和研究提供思路。

6.1.2 人机协同的核心目标

人机协同的核心目标是让 AI 技术有力地辅助人类工作，以提高效率和创新能力。以 GitHub Copilot 和 Windows Copilot 为例，这两个应用程序体现了这个理念。GitHub Copilot 作为一个 AI 编程助手，能理解开发者的编程需求，提供实时的代码建议，从而提高开发效率。Windows Copilot则作为Windows操作系统的智能助手，能了解用户的需求和偏好，为用户提供个性化服务，以提高用户的满意度。

当然，除了这两个明星产品，还有一些企业也在尝试使用人机协同，让工作流程更顺畅，让生产力更上一层楼。比如，Siemens 的“MindSphere”就是一个基于云的 IoT 操作平台，通过 AI 技术，巧妙地搭建了企业和工业终端用户之间的桥梁，提供实时的数据分析和优化建议，帮助用户洞察运营的奥秘，提升运营效率。Procurement Assistant 则是一个擅长处理重复任务的助理，比如代码的部署和维护，它利用生成式 AI 的力量，自动化处理流程，让人力资源得以释放，让我们有更多的时间投入更有创意和更有价值的工作中。

人机协同的核心精髓，就在于把人类的创造力和判断力与机器的计算能力和数据处理能力完美结合。通过这样的合体，我们能拥有更高的效率、更快的创新速度和更好的用户体验。人机协同不仅是一项新技术或新工具，还是一种创新的工作和思考方式。

下面会探讨人机协同的一些方法和框架，展现它们在实际应用中是如何大放异彩的。

6.1.3　人机协同的方法和框架

在人机协同的领域中，存在众多方法和框架，每一种方法和框架都有自己的特色与适用场景，为人机协同的应用提供了广泛的可能性和多样性。

在“共享控制方法”中，人类与机器是紧密无间的合作伙伴，共同决策与操作。这种方法能够确保机器的计算与人类的判断完美融合。例如，在研发自动驾驶汽车方面，共享控制方法确保了车辆在复杂的交通环境中能够做出正确且安全的决策。

“增强学习”是一种通过不断地试错和反馈来提高性能的方法。在人机协同领域，它能帮助机器更好地理解人类的需求和偏好，从而提供贴心和个性化的支持。比如，GitHub Copilot 通过增强学习，使其代码建议更准确。

“交互设计框架”专注于设计和优化人机交互，旨在提升效率和用户满意度。比如，Cisco 通过优化会议中的人体工程学设计和语音交互设计，显著提升了会议效率和用户满意度，这一框架能敏锐地洞察交互过程中的细微问题，从而让人机协同工作更顺畅。

“任务分解和分配框架”可以将复杂的任务拆解成简单的子任务，然后将其分配给人类和机器。比如，Procurement Assistant 通过自动化流程，将重复性的任务交给机器，让人类专心做更具创造性的任务。

“实时监控和反馈框架”通过实时的数据监控和反馈，助力优化人机协同的效果。例如，Siemens 的“MindSphere”通过提供实时的数据分析和优化建议，助力用户持续提升运营效率。

“知识共享和协作框架”通过知识共享和协作，推动人机协同效果的提升。比如，在位于美国波士顿的 Mass General Brigham 系统中，AI 技术推动了专业人员之间的知识共享和协作，为效率和生产力的提升注入了动力。

在实际应用中，我们可以根据特定的需求和场景，选出最合适的方法和框架。

6.1.4 人机协同的典型案例

人机协同不仅显著提升了我们的工作效率，还在不断扩展我们的创新边界。接下来，让我们深入了解这个领域，了解其中的精彩案例和各种应用，以便全面地理解人机协同的潜力和影响。

在软件开发领域，GitHub Copilot 的作用尤为突出。它结合了 NLP 和机器学习技术，能够为开发者提供实时的代码建议。这样的功能使编程过程变得更轻松和更高效，大大地提高了开发者的工作效率。它不仅能提供代码片段的建议，还能洞察开发者的需求和偏好，提供个性化的支持，简直是开发者的贴心小助手。

在日常生活和办公领域，Microsoft 的 Windows Copilot 通过实时的语音和图像识别技术，能洞察用户的需求，提供及时的反馈和支持，帮助用户高效地完成任务。它就像用户日常工作中的小助手，总能在用户需要帮助的时候，及时伸出援手。

在制造业领域，Siemens 的“MindSphere”用实时的数据分析和优化建议，为制造商提供了强大的工具，帮助他们监控和优化生产过程，降低成本，提高效率。它让制造商能看清生产的每个环节，做出明智的决策。

在医疗领域，通过 AI 技术，人机协同能帮助医生和患者更好地理解医疗信息，提高诊断和治疗的准确性。比如，DeepMind 的 AlphaFold 算法在解析蛋白质结构方面取得了显著成就。AlphaFold 算法通过先进的机器学习技术预测蛋白质的三维结构，这对于理解蛋白质如何影响生物体的功能至关重要。这一技术的应用加速了对蛋白质功能的理解，对药物的研发和疾病治疗产生了深远的影响。

在教育领域也有人机协同的身影。它能通过 NLP 和机器学习技术，为教育工作者和学生提供个性化的学习体验，帮助他们更好地理解和掌握知识。

以上展示的只是人机协同的一部分应用。随着技术飞速发展，人机协同的应用会越来越多，它的潜力和价值会越来越大。

6.1.5　生产力革命

AI 技术飞速发展，让人机协同迅速发展，正向着生产力革命砥砺前行。这场人机协同的革命不仅提高了工作效率，降低了成本，还促进了创新思维的发展、知识的集成和新机遇的出现。

首先，人机协同将效率的提升推向新高度。智能的辅助和自动化的执行，让许多传统的、耗时的任务得以快速完成。比如，在软件开发中，GitHub Copilot 的 AI 技术能为开发者提供代码编写建议，让代码编写变得轻而易举，提高了开发效率。

其次，人机协同可以提供个性化和定制化的服务。它能通过深度挖掘大数据，帮助企业了解客户的需求和期望，提供个性化和定制化的服务。在线购物领域就是绝佳的例子，通过智能分析，商家能提供个性化的推荐和服务，让消费者的购物体验升级。

在人机协同的推动下，创新的思维和解决方案不断涌现。智能的辅助让我们更好地发现问题、分析问题并解决问题。在医疗领域，智能体能为医生分析海量的医疗数据，发现潜藏的医疗问题，助力医疗创新。

知识的传递和积累也在人机协同的助推下如火如荼地进行。智能体让人类的知识和经验得以记录与传递，形成了一个持续学习和改进的良性循环。在教育领域，智能体能帮助教师和学生更顺畅地交流与学习，推动知识的传递和积累。

最终，人机协同将为企业和社会打开新的发展大门。企业能够快速地适应市场的变化，提高竞争力。同时，人机协同也为社会的可持续发展贡献力量。例如，通过人机协同的力量，我们能更好地应对环境变化、资源短缺等社会问题，找到可持续发展的方案。

总而言之，人机协同正在引领一场生产力革命，将推动社会进入新的发展阶段。

6.1.6 未来展望

技术的脚步不停歇，社会发展的车轮滚滚向前，人机协同正悄然改变着我们的世界。它将不仅是技术的飞跃，还是生活多彩化、个性化的表现。现在就让我们一起探究一下它的未来发展趋势。

首先，AI 技术的进步将为人机协同注入强劲的动力。想象一下，通过深度学习和大数据分析，未来的人机协同系统能够更精准地捕捉到我们的需求和意图，提供更贴心和个性化的支持，这不就像拥有了一个能读懂我们心思的好伙伴吗?

其次，人机协同的应用将不再局限于软件开发、制造和医疗领域。它将有更多的应用领域，比如教育、娱乐、交通等领域。未来的教育系统可能会通过人机协同为我们提供个性化和高效的学习体验，让学习变得不再枯燥乏味。

再次，随着 5G、6G 和边缘计算等新技术崭露头角，未来的人机协同将变得更高效和实时。这些技术的出现将为人机协同提供坚实的网络和计算支持，让数据传输和处理变得更迅速和更流畅。

当然，随着人机协同应用的拓展，法律和伦理问题也会随之浮出水面。数据安全和隐私保护将成为重要的议题。同时，人机协同的责任和权益分配也会是我们需要面对与解决的重要问题。

最后，随着人机协同深入人心，社会对它的认知和接受度会逐渐提高。企业、政府和公众将会更理解人机协同所带来的价值与机遇，同时也会有更多的资源流向这个领域。

在现代社会，人机协同已成为提高效率和增加创新思维的关键焦点，展现在多个领域的案例（如 GitHub Copilot 和 Windows Copilot）证明了其价值和潜力。基于共享目标、有效通信和相互理解的理念，结合 AI 技术的进步，人机协同预示着高效、创新和可持续的未来。面对法律和伦理方面的问题，如数据安全和隐私保护，我们有理由相信，适当的方法、框架和社会推动将为我们的生活绘制出多彩图景，引领我们向前迈进。

6.2 企业级应用与任务规划

随着科技快速发展，企业运营的方式也在发生变化。在这个过程中，基于 LLM 的智能体正在逐渐成为企业级应用与任务规划的重要工具。本节将探讨智能体如何巧妙地融入企业的日常运营，以及它们如何帮助企业提高生产力和效率。

企业对智能体的需求主要来自它们面临的各种挑战。随着市场竞争加剧和客户需求多样化，企业迫切需要一种能够快速适应变化、提高生产力和创新能力的工具。智能体，作为一种能够理解和响应自然语言的技术，正成为应对这些挑战的关键。它们在数据分析、任务规划和自动化处理等领域的应用，能够帮助企业实现更灵活和更精确的操作。

6.2.1 企业级应用的需求

在企业运营中，提高效率、降低成本、优化资源分配和增强创新能力是关键目标。为了达到这些目标，企业正在寻求数字化和智能化的解决方案。智能体作为这个转型的重要部分，特别擅长处理和分析数据，可以帮助企业洞察市场动态并灵活调整策略。

智能体的应用不限于数据分析，在任务规划和管理方面也有显著效果。通过高效的算法，智能体能够有效地安排任务和管理资源，提高生产力。它自动完成重复性工作，释放员工的时间，使他们能专注于更具创造性和价值的工作。在企业运营中，智能体能够解决复杂问题，提供基于数据的见解，并实现自动化决策和操作，从而帮助企业优化流程，提高生产效率和服务质量。

在企业的实际运营中，数字孪生技术被巧妙地用来模拟和预测业务流程，而文档智能技术则能高效解析大量文档，节省时间和劳动力。AI 技术可以有效地优化库存管理和物流安排。具体应用如 GitHub Copilot 和 Windows Copilot，利用智能代码补全和 NLP 技术，使编程和任务执行更加高效。此外，集成了智能体技术的 ERP（Enterprise Resource Planning，企业资源计划）和 CRM 系统分别为企业管理和客户关系管理带来更高效的操作。

无论是初创企业还是中大型企业，都在积极地利用智能体技术来提高业务流程的效率和服务质量。智能体在客服、项目管理和销售支持等领域提供全天候服务，有效地分配资源，准确地跟踪项目进度，巧妙地管理项目风险，并快速地准备报价和合同。这使得企业的各个方面运作更加高效，提升了客户满意度。

总之，智能体在企业级应用中的作用日益显著，通过促进自动化、优化流程和智能化操作，为企业提供了强大的技术支持。这些技术不仅加强了企业的数字化和创新能力，还为企业未来的发展奠定了基础。借助智能体，企业可以实现精确、高效和创新的运营方式，为未来的发展发现更多可能性和机遇。

6.2.2 任务规划的作用

在企业运营中，任务规划是关键环节，负责资源分配、项目交付和团队协作。随着智能体技术的引入，它们开始在任务规划中发挥重要作用。智能体擅长处理大量数据，并通过分析历史数据、实时监控和预测，帮助企业做出更精准的决策。此外，智能体的自动化功能也有助于优化任务分配，确保任务按计划高质量完成。

通过智能体的帮助，企业能更有效地掌握运营的动态，预测潜在问题，并及时做出调整。例如，在项目管理中，智能体能预警项目延期风险并提出解决策略。在人力资源管理方面，智能体协助 HR 高效安排人员，确保各部门工作顺畅。这些应用不仅提高了企业运营的效率，还增强了企业应对复杂情况的能力。

智能体在任务规划方面的应用显著提高了企业运营效率。它们通过智能分析和预测功能，帮助企业做出更有效的决策，推动企业发展。智能体的参与给企业带来了新的活力，使企业运营更灵活和更高效。

6.2.3 企业如何选择工具

在企业运营中，选择合适的工具和技术平台至关重要。虽然传统软件和硬件设备一直是企业的可靠助手，但随着技术的发展，新兴的 AI

辅助工具和智能体等技术开始展现其优势。这些先进的工具为企业带来了新的操作方式和更多可能性，使得企业能够以高效、创新的方式完成任务。

以 GitHub Copilot 为例，这是一个基于 GPT-3 的编程辅助工具，能够帮助开发者高效地编写代码。通过智能分析开发者的编程风格和代码库，GitHub Copilot 能自动生成代码，极大地提高了编码效率和质量。

另外，智能体是一种高级的辅助工具，通过理解自然语言，可以准确地把握人们的需求。从简单操作到复杂的任务规划，智能体都能有效处理。这使得智能体成为在各种业务场景中不可或缺的助手，提高了人们的工作效率和质量。

企业在选择工具和技术平台时，可以考虑以下几个方面。

1. 技能多样性

传统工具通常专注于特定功能，而像 GitHub Copilot 这样的智能体能提供多样化和丰富的功能。

2. 交流能力

智能体通常擅长与人类交流，能通过自然语言理解人类的需求，使得非专业人员也能轻松使用。

3. 适应性

不同的工具和技术平台适用于不同的业务场景。选择与企业需求相匹配的工具，可以让效率和效果最大化。

企业在选择合适的工具和技术平台时，应该全面考虑自身的需求、技术基础、预算及技术平台的能力。此外，企业还应该有远见，考虑未来的发展趋势和技术创新，确保选择的工具和技术平台能够适应未来的变化，得到最好的业务成果。

6.2.4 机遇与挑战

在企业的数字化探索中，智能体扮演着重要的向导角色。尽管如此，每种技术都有局限性。例如，智能体在理解复杂的人类交流或处理非结构化数据时可能会遇到困难。这些局限性有时会影响智能体在企业级应用中的效率和准确性。

企业在与智能体合作的过程中，必须确保数据安全、客户和员工的隐私得到充分保护。在设计和部署智能体的过程中，企业需要始终牢记这一点，可能还需要依赖法律指导和先进技术作为保障措施。

在这场企业数字化探索中，已有众多成熟的 IT 基础设施和系统成为重要伙伴。智能体能够与这些系统无缝协作，共同推动效率提高。

探索之旅总是充满挑战和机遇。智能体通过其先进的功能，为企业开辟了新领域，提高了工作效率和生产力。它们自动处理重复性和耗时任务，释放员工时间，以便他们专注于更具创造性和价值的工作。同时，智能体强大的数据处理能力，为企业决策提供了有力的支持。

智能体为企业带来了创新的商业模式和服务方式。通过智能体，企业能够提供全天候的客户服务，极大地提高客户满意度和忠诚度。总体而言，尽管智能体面临一些挑战，但是它们为企业展现了充满希望的未来。企业要勇敢地面对这些挑战，最大化地利用智能体的能力，提高生产力，开启业务发展的新篇章。

6.2.5　未来展望

在未来的企业运营中，智能体将成为关键的辅助工具，特别是在任务规划、流程优化和自动化执行等方面。随着技术不断发展，智能体将更加高效地完成企业任务，显著提高运营效率。智能体能实时监控业务流程，确保资源合理配置和优先级正确安排。在市场环境变化时，它们还能帮助企业快速调整战略以维持竞争力。

智能体还将促进企业信息系统升级，提供精确的数据分析和决策支持，从而帮助企业做出更明智的商业决策。同时，智能体作为数据安全和客户隐私的保护者，将增强网络安全监控。

借助 5G、云计算和大数据等新兴技术，智能体的功能将更强大，能更好地适应不同的业务场景，如供应链管理、客户服务和项目管理，为企业带来显著效益。

总之，智能体将为企业开启数字化和智能化的新时代，成为未来运营的支柱。在这个过程中，企业需要持续学习和适应新技术，以充分利用智能体的潜力，建立持久的竞争优势。

第 7 章　多智能体系统的未来

7.1　单智能体系统与多智能体系统的差异

在 AI 领域中，智能体扮演着重要角色，开发出各种应用，给出各种解决方案。它们能够感知环境并基于设定的目标和接收到的信息做出决策。在智能体的领域中，我们可以看到两种类型的系统：单智能体系统（Single-Agent System，SAS）和多智能体系统（Multi-Agent System，MAS）。单智能体系统由一个智能体独立运作，而多智能体系统则由多个智能体组成，它们可以协作或独立运作。

理解这两种系统的区别对于开发和设计 AI 应用至关重要，可以帮助我们了解每个系统的功能和局限性，指导我们在实际应用中做出更合理的选择。例如，有些任务可能更适合单智能体处理，而有些任务则可能需要多智能体合作才能完成。

7.1.1　单智能体系统的特点

在单智能体系统中，一个智能体独立运作，与其环境互动来完成特定目标。这种智能体能够自主做出决策，不依赖于外部指导或反馈。它们根据自身的知识、经验和对环境的感知，做出各种决策和行动。这种系统中的智能体在有限的环境中能有效工作，独立完成既定任务。

独立运作的智能体具有一定程度的自主性，能够在其感知范围内灵活行动，执行各种任务，如收集信息、处理数据和做出反应。它们通常在相对简单或有序的环境中工作，与环境的互动高效而直接。面对有限的变化和环境，这些智能体的行为更加可预测，能够在特定条件下稳定地得到预期结果。

在单智能体系统中，通常存在一个中心控制单位，负责指导整个系统的决策和操作。这种中心化的管理确保了系统的协调性和一致性。单智能体系统通常针对特定任务或目标而设计，其任务和目标明确且固定。这样的设计使得单智能体系统在优化特定任务方面非常高效，但它可能不擅长适应新的或未知的环境。

单智能体系统以其简单、直接和可控性而受到青睐，尤其适用于目标明确、环境变化有限的场景。然而，随着技术发展和应用需求增加，多智能体系统在复杂和不确定环境中的优势开始显现。在这些系统中，多个智能体协作，共同实现目标，展现了与单智能体系统不同的能力和潜力。这种协作使得多智能体系统在处理复杂任务时更有效和更灵活。

7.1.2 多智能体系统的特点

单智能体系统在静态的环境中独立运作，而多智能体系统则在复杂、动态的环境中通过协作应对挑战。多智能体系统能模拟和处理现实世界中的复杂问题，有效地在不同的利益和情况之间寻找最佳解决方案。这种系统适用于需要多个实体协同工作的复杂环境。

在多智能体系统中，每个智能体都像一个独立的实体，自主运作而不依赖外部指令。每个智能体都有自己的决策能力，可以根据自身的判断来决定行动，而不受中心控制或外部命令的直接影响。这种独立性是多智能体系统的特点之一，与中心化控制的单智能体系统相比，它有独特的优势和风格。

在多智能体系统中，每个智能体通常都只能感知局部环境，而不是整个系统的全貌。因此，它们需要通过交流和协作来共享信息，共同构建完整的系统视角。这种局限视野的特点不仅使得系统中的交流和合作更加重要，还为系统的设计和运营带来了额外的挑战。

在多智能体系统中，决策过程类似于活跃的讨论，而不是单一的权威判断。每个智能体都有机会表达自己的观点，但这些观点需要经过交流和协调以维护整个系统的协调一致。这种分布式的决策方式增强了系统的适应性和韧性，使其能够有效地运作于更多样的环境中，同时提高了系统的扩展性和稳定性。

在多智能体系统中，合作和协调是关键组成部分。智能体们必须通过合作和协调来高效地完成任务，这涉及分工、冲突解决等多个方面。合作和协调对于提高系统的整体效能至关重要。

在这些系统中，每个智能体都具备学习和自我适应的能力，能够根据系统的变化和其他智能体的行为调整自己的策略。这种能力使得系统能够在面对不确定性和变化时维持高效、稳定的运作。

多智能体系统中的成员可能具有不同的能力和知识，使得系统能够处理多样化的任务和问题。有效的交流对于系统成员之间的信息共享和行动协调至关重要。

在某些情况下，系统中的智能体可能存在竞争关系，尤其在资源有限或目标不一致时。适当的竞争可以促进更好的解决方案的发现，但也可能引起摩擦和不稳定性。

多智能体系统通常设计为可扩展和具有韧性，使其能够应对复杂和大规模的问题。此外，这些系统具有自组织的特点，能够在缺乏中心化指导的情况下有效地组织和协调成员行为，追求共同目标。这种自组织特性为系统的设计和应用带来了新的视角与可能性。

7.1.3　技术进步与分析和比较

在科技领域，单智能体系统和多智能体系统随着技术进步而发展，为分析和比较提供了丰富的场景。近几年，随着新技术引入，这些系统变得更高效和更先进。例如，AI 技术的发展使得智能体能够更加精准地分析数据并做出有效决策。这些进步不仅增强了系统的能力，还为理解与运用这些系统提供了新的视角和方法。

比较单智能体系统和多智能体系统就像观赏两种风格迥异的表演。单智能体系统以简捷和直接性为特点，其结构和操作通常固定且一致。

相比之下，多智能体系统展现出更大的变化性和动态性，智能体之间需要进行协调和互动，从而适应更复杂和多变的环境。这种差异使得多智能体系统在处理复杂任务时表现出更高的灵活性和适应性。

在决策过程中，单智能体系统的决策类似于单独执行的任务，集中且直接；多智能体系统的决策则更像多方协作的过程，分散且需要协调。在多智能体系统中，虽然每个智能体都能独立做出决策，但它们必须互动并协作以达成共同目标。这种分布式决策方式增加了系统的灵活性和适应性，但同时增加了协调和计算的复杂性。

在应用和性能方面，单智能体系统和多智能体系统各有所长。单智能体系统适合处理静态和简单的任务，而多智能体系统则更适合应对动态和复杂的情况。多智能体系统的多样性和自组织能力使其能够适应各种不同的环境和需求，提供更广泛的解决方案和更多的应用选择。这种差异使得两种系统在不同的应用场景中都能发挥其独特优势。

随着技术发展，单智能体系统和多智能体系统之间的融合与互动日益增加。例如，将多智能体系统中的协调机制应用于单智能体系统，可以提高其效率和性能。反过来，借鉴单智能体系统的设计和策略，也能简化多智能体系统的操作和管理。这种互相借鉴和融合，使得两种系统能够更好地适应各自的应用场景，提高整体性能和效率。

展望未来，随着技术持续进步和应用范围扩大，单智能体系统和多智能体系统将在各自的领域中扮演越来越重要的角色。通过深入理解这两种系统的优势和特性，我们能够更有效地应用它们，从而推动 AI 技术发展。未来，这两种系统将继续在多种场景中展示其独特的价值，为 AI 的发展贡献更多力量。

7.1.4　对企业的影响与未来趋势

随着单智能体系统和多智能体系统的发展，企业正面临着一段充满机遇和挑战的新旅程。这些系统将在企业运营中扮演重要角色，显著提高效率和生产力。单智能体系统适合处理简单和单一的任务，而多智能体系统则能够协作解决复杂和多样化的问题。通过合理应用这些系统，企业不仅能高效地完成任务，还能使员工从重复性工作中解放出来，转而投入更有创造性的工作中。

智能体系统为企业提供了找到新解决方案和方法的途径。例如，在数据分析、优化和决策支持方面，它们成了企业的关键助力。多智能体系统以其分布式和协调性，尤其擅长处理复杂和动态的问题。在供应链管理、项目协调及智能交通等领域，多智能体系统能够高效地发挥其优势。

随着技术的进步，智能体系统的应用将更加广泛和深入。例如，5G 和物联网技术的发展将推动多智能体系统在智慧城市、智慧工厂和智慧交通等领域应用。此外，AI 技术的发展将进一步增强智能体系统的能力，使其能够处理复杂和多样化的任务。

未来的智能体系统将更加智能和自我适应。通过持续学习和优化，它们将能更精准地理解和适应环境，协作也将更加高效。这将提高系统的整体效率，为企业的发展提供更多可能性和选择。

智能体系统的进步预示着企业向数字化和智能化转型的新时代来临。利用智能体系统，企业能更有效地利用数据和技术资源，增强竞争力和创新能力。同时，它们也将支持企业和社会的可持续发展，例如通过优化资源分配和提高能效，促进环境友好型发展。

我们坚信，单智能体系统和多智能体系统将成为推动企业和社会发展的重要引擎。它们会助力企业达到数字化和智能化的新境界，也为企业和社会的可持续发展贡献力量。企业只要深入理解并善用这些系统的优势和特色，就能更好地迎接未来的挑战和机遇，实现持续的成功和发展。

向前看，我们满怀期待，在未来的探索和应用中，将会涌现出更多创新的智能体系统设计和应用，以及更多令人振奋的成功实践和案例。同时，我们也期盼有更多的研究和讨论涌现，以进一步推动智能体系统的发展和应用，为企业和社会的发展贡献力量。

7.2 模拟真实世界的组织结构与工作流程

在现代企业运营中，对组织结构和工作流程的复杂性、多变性提出了新的挑战，特别是在运营效率和市场反应速度方面。传统的优化方法可能已经不足以应对这些挑战。因此，模拟真实世界的组织结构和工作流程成为寻找优化机会的关键途径，帮助企业洞察运营流程，寻找改进的方法。

多智能体系统作为一种工具，为模拟真实世界的组织结构和工作流程提供了支持。在这一系统中，每个智能体都扮演着组织中的一个角色或功能单元，通过协作和交互，共同构建复杂而有效的组织结构和工作流程。这种模拟使组织能够深入了解运营过程，从而找到提高效率和成效的新方法。

7.2.1 组织结构模拟

在深入探索多智能体系统及其在组织结构模拟中的应用之前，我们需要先理解现代企业和组织所面临的挑战。市场环境的不断变化和激烈竞争要求企业在组织结构和工作流程上不断创新。多智能体系统在这个方面起着关键作用，提供了深刻的优化洞察，帮助企业在理论和实践中找到最佳的运营模式。

多智能体系统通过协调各个智能体的互动，使得组织结构模拟成为现实。在这个模拟环境中，每个智能体都代表组织中的一个角色或部门，如销售、采购、生产和物流等人员或部门。这些智能体之间的互动展现了企业内部的真实组织结构和工作流程。利用这种模拟，可以深入分析组织运作的复杂性，识别问题并寻找改进的机会。

下面是多智能体系统在组织结构模拟中的关键特性。

1. 交互与通信模拟

多智能体系统能够精确模拟组织中不同部门和角色之间的交互和通信，帮助企业理解信息流和工作流对组织效率的影响。

2. 决策过程模拟

多智能体系统模拟组织内部的决策过程，评估不同的决策对运营的影响，以找到最佳的决策方法。

3. 结构优化

通过模拟不同的组织结构和工作流程，多智能体系统协助企业探索优化方案，提高效率和成效。

4. 实时监控和分析

多智能体系统提供实时监控和分析工具，帮助企业及时发现问题并做出调整。

5. 知识共享与学习

多智能体系统通过智能体间的交互和协作促进知识共享与学习，提高组织的知识管理和发展能力。

通过应用多智能体系统来模拟组织结构，企业能够获得关于当前运营状况的实时反馈，并在模拟环境中测试不同的优化策略。这种模拟为企业提供了一个无风险的环境，用于探索和实践可能提高实际运营效率与效果的新方法。

7.2.2 工作流程模拟

在现代企业中，工作流程的高效和准确性对运营至关重要。顺畅且高效的工作流程可以减少错误，提高员工满意度和组织反应速度。多智能体系统在优化工作流程方面展现出其能力，提供了模拟和分析工具，帮助企业找到改进方法。

多智能体系统通过模拟工作流程的各种规则，将真实的工作环境转化为可模拟的场景。通过模拟，企业可以分析工作流程的效率和效果。

工作流程是组织日常运营的核心，涉及任务分配、执行和监控。这通常需要部门和团队之间协作。通过模拟，组织可以清楚地识别运营效率和瓶颈，寻找改进机会。

多智能体系统提供了模拟工作流程的框架，每个智能体都可以代表一个角色或实体，例如员工、团队或部门。通过设定智能体间的互动规则，企业可以构建出反映真实世界工作流程的模型。

下面是多智能体系统在工作流程模拟中的关键特性。

1. 实时监控与分析

多智能体系统为企业提供了对工作流程的实时监控和分析功能，帮助企业及时识别并调整工作中遇到的问题，还能提供宝贵的改进建议，助力企业优化工作流程，提高运营效率。

2. 优化与再设计

多智能体系统提供了一个模拟环境，使企业可以安全地尝试和评估不同的工作流程优化方案，以进行最佳的工作流程设计。

3. 学习与改进

通过智能体间的互动，企业能够持续学习和改进工作流程，这不仅提高了工作效率，还提高了企业应对市场和组织变化的能力。

4. 知识管理

多智能体系统通过智能体的协作，帮助企业更有效地管理工作流程中的知识和信息，提高组织的知识管理能力。

通过应用多智能体系统进行模拟和优化，企业不仅可以提高工作流程的效率和准确性，还可以为未来制定发展策略提供宝贵的参考信息。在竞争激烈的市场环境中，利用多智能体系统优化工作流程对于增强企业的竞争力和适应性至关重要。

7.2.3 技术进步与实践应用

在当前技术快速发展的时代，多智能体系统不断探索模拟组织结构和工作流程的新方法。得益于计算技术的发展和算法的创新，这些系统能够处理更加复杂和接近现实的场景。在实际应用中，多智能体系统通过累积经验和技术提炼，为企业提供了有价值的见解和参考意见，从而推动企业运营和决策优化。

随着技术进步，通信技术的发展使得智能体间信息交换更流畅和更准确，从而提高了模拟过程的真实性和精确度。同时，AI 技术的发展为多智能体系统提供了额外的动力。特别是深度学习和强化学习的应用使得智能体能够更有效地理解与适应模拟环境，显著提高了模拟的准确性和效率。

分布式计算和云计算技术的应用使得处理大规模多智能体系统成为可能，为这些系统提供了广阔的操作空间和处理更高复杂度任务的能力。

这些技术奠定了坚实的基础，使得模拟复杂的组织结构和工作流程成为现实，从而为企业提供深入的洞察和全面的理解。

在实际应用方面，多智能体系统在交通管理、能源系统优化和智慧城市建设等领域展现了显著成效。通过对现实世界组织结构和工作流程的精准模拟，这些系统为决策者提供了重要的参考意见。此外，这些应用经验为多智能体系统的发展提供了实践的验证和数据支持，进一步增加了它们在不同领域的应用潜力和实用性。

随着开源社区的兴盛和多智能体系统开发框架的成熟，企业和研究机构现在能更加方便地构建和测试多智能体系统模型。这些开源框架使企业能够迅速构建模拟模型，测试与评估不同的组织结构和工作流程设计。这相当于为企业提供了一种工具，使它们能够轻松地探索和实现优化策略，为寻求更有效的运营方法提供了新的可能性。

随着技术发展和实际应用经验累积，多智能体系统在模拟组织结构和工作流程方面展示了极大的潜力与极高的价值。在当前的技术发展阶段，多智能体系统已经成为企业在寻求优化解决方案方面的重要助力和可信赖的伙伴。

7.2.4　根据模拟结果进行组织结构和工作流程优化

多智能体系统为企业提供了一种模拟环境，允许企业模拟和分析组织结构和工作流程。这种模拟环境使企业能够深入理解其运营流程，并在低风险的条件下探索和验证各种优化策略。模拟所产生的数据与见解为企业在实际运营中改进组织结构和工作流程提供了有价值的支持。

首先，模拟结果为企业提供了清晰的反馈信息，揭示了组织结构和工作流程的当前状况。它能量化展示效率低下的部分和潜在的改善领域，如揭示出延迟的特定工作环节或资源利用低效。

其次，多智能体系统模拟提供了一个安全的实验环境。企业可以在此尝试各种优化方案，无须担心影响实际运营。企业可以试验不同的任务分配策略或重新设计工作流程，从而通过模拟结果比较方案的效果，以选择最佳的优化策略。

同时，模拟结果还可以辅助企业做出更有信心的决策。凭借数据和基于数据的深入洞察，企业可以更有信心地决策，降低决策风险。例如，模拟结果表明新的工作流程设计可以加快处理速度，显著提高客户满意度。

此外，模拟结果不仅显示当前的运营状态，还为企业提供了持续改进和学习的机会。通过深入分析这些结果，企业可以不断地探索改进空间，优化其组织结构和工作流程。此外，模拟环境还可以作为员工培训和学习的平台，增进其对组织运作的理解。

最后，为了最大化模拟结果的效用，企业需要一定的技术和分析能力。这可能需要技术投资和员工培训，但这些投资和培训最终将提高运营效率和竞争力。

综上所述，多智能体系统模拟为企业优化组织结构和工作流程提供了正确的指引。利用这些模拟结果，企业不仅能提高运营效率，还能持续改进。

7.2.5 未来趋势

随着科技迅速进步，多智能体系统在模拟组织结构和工作流程方面将展现其新的潜能。这些即将到来的趋势预示着多智能体模拟技术的显著进步，有望极大地改变企业的运营管理和决策方式。随着新技术的应用和发展，企业可能会经历一次运营和管理的彻底变革，从而得到前所未有的效率和效益。

首先，多智能体系统模拟正逐渐发展，准备走向成熟和普及的道路。得益于算法、计算能力和数据处理技术的进步，多智能体系统模拟将变得更精准和更高效。同时，相关的软件工具和平台也将变得友好得多，让企业轻松跨过应用多智能体模拟技术的门槛。

其次，多智能体系统模拟的应用领域不断扩大。除了传统的制造业和服务业，金融、医疗、教育和公共服务等领域也准备借助多智能体系统模拟，优化其组织结构和工作流程，让更多领域感受到多智能体系统模拟的魅力。

同时，实时和在线的多智能体系统模拟将成为可能。随着云计算和大数据技术飞速发展，企业可以实时收集和处理海量的运营数据，就像拥有了一个数据的宝库。将这些数据“喂给”多智能体系统，企业可以实时监控与分析其组织结构和工作流程的表现，及时发现和解决问题，保持运营顺畅。

再次，多智能体系统模拟与 AI 技术的结合将更紧密。通过引入机器学习等 AI 技术，多智能体系统模拟将变得更聪明和自我适应，帮助企业在面对未知和不确定的环境时，做出更明智的决策。

最后，随着数据安全和隐私保护的重要性日益凸显，企业需要确保在进行多智能体系统模拟时，能够保护个人和商业信息的安全，避免数据被泄露和滥用，保证模拟的安全和可靠。

总的来说，未来的多智能体系统模拟在准确性、应用范围、实时性、智能化和数据保护等多个方面，都会有新的发展趋势。这些趋势可以帮助企业更好地理解和优化组织结构和工作流程，从而提高运营效率，增加竞争优势，让企业在未来更自信和更从容。

第4部分

典型案例和商业应用

第8章　斯坦福小镇项目：生成式智能体的典型案例

8.1　实验背景与目的

8.1.1　非凡之旅

斯坦福小镇项目是由斯坦福大学与谷歌研究团队联合进行的一项创新实验，目的是构建一个充满活力和互动性的虚拟社区，以探索和解析人类社会的复杂互动。该实验结合了虚拟世界和生成式智能体，源于对人际关系和社会互动模拟的长期研究。Joon Sung Park 等人在发表的论文“Generative Agents: Interactive Simulacra of Human Behavior”中详细介绍了这个项目的内容。

在这个采用像素艺术风格设计的虚拟社区中，研究者可以深入探索人类社会互动的可能性和复杂性。该项目不仅为社交机器人和虚拟角色的开发提供了新的理论与实践基础，还为全球研究者提供了一个开放的实验、探索和创新平台。

我们进入斯坦福小镇，可以与 25 个生成式智能体共同生活，这些生成式智能体具有各自的生活、工作和社交活动，具有丰富且真实的思维和情感。这个虚拟社区让我们感受到超出常规的体验，让我们能够自由地探索、实验和创新。

斯坦福小镇作为这次非凡之旅的起点，为我们打开了探索人类社会互动、情感和意识新境界的大门。这是一次跳出常规的探索之旅，邀请您进入一个充满想象力的未被发现的世界，挑战自我，发现无限可能。

8.1.2 概念框架

斯坦福小镇项目的核心理念是使用最新的机器学习模型来创建所谓的“生成式智能体”。这些生成式智能体不仅能够理解它们所处的环境，还能根据周围环境做出反应。该项目的目标是通过这些生成式智能体来模拟真实世界中的人类行为，从而更深入地理解人类社交和情感的复杂性。

在这个实验中，研究团队致力于将最新的机器学习技术应用于生成式智能体的开发。通过利用像 GPT 这样的先进语言模型，生成式智能体能够生成与其角色、背景、情境相符的行为和对话，如图 8-1 所示。这种方法允许生成式智能体在虚拟环境中以高度现实的方式行动和交流，从而为研究者提供了一个独特的窗口，用以观察和理解生成式智能体在模拟复杂的人类行为方面的能力。

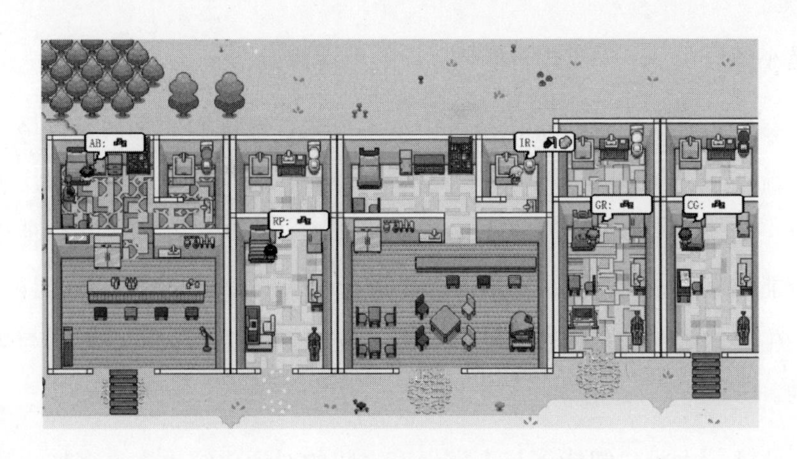

图 8-1

为了深入探索生成式智能体的行为模式和其潜在能力，斯坦福大学与谷歌研究团队采取了一项创新举措：创造了一个名为斯坦福小镇（Smallville）的模拟小镇。这个小镇不仅是一个简单的数字化模型，还是一个充满活力、细致入微的数字生态系统。在这个小镇里，研究团队运用了生成式智能体技术，成功地在沙盒环境中（类似于《模拟人生》游戏）栩栩如生地展现了 25 个生成式智能体。用户不仅可以观察这些生成式智能体的行动计划，还可以介入并影响其行为，分享新闻，建立人际关系，以及协调集体活动。

这一项目的技术基础是 Python 编程语言，其网页界面则是借助 Django 框架构建而成的。这样的技术搭建不仅提供了一个直观且互动性强的平台，还使得研究者和用户能够更加深入地理解并参与这个小镇的运作。

斯坦福小镇项目是一个让游戏业关注的先进的虚拟社区项目，其特点在于营造出极为逼真的虚拟社区。该小镇中设有多种公共场所，如咖啡馆、酒吧、公园、学校、宿舍、住宅和商店等，每一处都以现实世界为蓝本进行精心设计。这些场所不仅为玩家提供了栩栩如生的游戏体验，还是小镇居民——生成式智能体——的生活舞台。

在斯坦福小镇这个虚拟社区中，生成式智能体们的互动显得格外自然和流畅。举例来说，当注意到早餐烧焦时，它们会主动走进厨房关闭炉火；当遇到浴室被占用时，它们会耐心地在外等候；当想与其他生成式智能体交流时，它们能够停下脚步进行愉快的对话。更引人注目的是，这些生成式智能体能够相互交换信息，建立新的人际关系，并参与集体活动。

此外，生成式智能体与人类玩家之间的对话内容也丰富多样，涵盖了问候、提问、回答和评论等多种形式。这些生成式智能体在斯坦福小镇里，不仅遵循既定的规则行动，还能自由地移动和互动，甚至发展出情感联系。正是这些细致入微的设定，让斯坦福小镇不仅是一个游戏场景，还成了一个充满活力、真实可信的虚拟社区，展现了生成式智能体在模仿人类社交和情感行为方面的惊人潜力。

8.1.3 核心技术

在斯坦福小镇项目中，25个生成式智能体的创建和行为均基于GPT，这是由 OpenAI 开发的一种先进的 LLM。每个生成式智能体都对应一个 GPT 实例，通过精心设计的信息输入，这些实例能够扮演特定的角色，并在虚拟社区中进行互动。每个生成式智能体都有自己的身份、职业、性格和关系网络。通过 GPT 提供的个性化提示，每个生成式智能体都可以生成与其身份和情境相匹配的行为与语言。

虽然该项目采用了像素艺术风格的图形用户界面，但其核心是一个复杂且隐藏的文本层。这个文本层负责综合和组织与每个生成式智能体相关的信息。这种设计使得生成式智能体之间的互动不限于图形用户界面上的表现，还包括了更复杂的文本层的互动。这一特性使得生成式智能体之间的交流和行为更加丰富，为用户提供了一个深入探索和体验 AI 潜力的平台。

GPT 的强大之处在于其能够根据不同的输入生成多样化的输出，从而完成各种任务，包括写作、对话、翻译和摘要等。在斯坦福小镇项目中，GPT 被用来生成生成式智能体的行为和语言，项目团队设计了一系列的提示词（Prompt），这些提示词指导 GPT 产生与生成式智能体的身份、性格、情境相符的文本来描绘每一个生成式智能体的人物设定、人物记忆、人物规划、人物对话。

1. 人物设定

人物设定是创建生成式智能体的基础，包括姓名、年龄、职业、性格等基本信息。这些设定为生成式智能体的行为和决策提供了基础与指导。

2. 人物记忆

人物记忆是生成式智能体经历的事件的记录，包括与谁交谈、做了什么、感受如何等。记忆是生成式智能体对过去发生的事件的储存，有助于其在以后的决策和互动中引用与分析。

3. 人物规划

人物规划是指生成式智能体对未来计划和行动的制定，包括去哪里、见谁、做什么等。这是角色的目标和意图的体现，对于实现人机互动和增强生成式智能体的自主性至关重要。

4. 人物对话

人物对话是生成式智能体与其他生成式智能体或人类玩家进行交流和互动的重要手段。对话是实现生成式智能体之间及生成式智能体与人类之间沟通的关键，也是生成式智能体表现智能和创造性的重要途径。

在斯坦福小镇的互动平台上，用户可以轻松地点击任意一个生成式智能体的头像，以实时追踪该头像代表的生成式智能体在小镇中的具体位置和当前的状态。每个生成式智能体的具体位置、正在参与的活动、是否在与他人交谈，以及交谈的具体内容，都是经由 GPT 这一先进的语言模型精心设定和生成的。每个生成式智能体都有独立的角色、位置和对话情况，如图 8-2 所示。

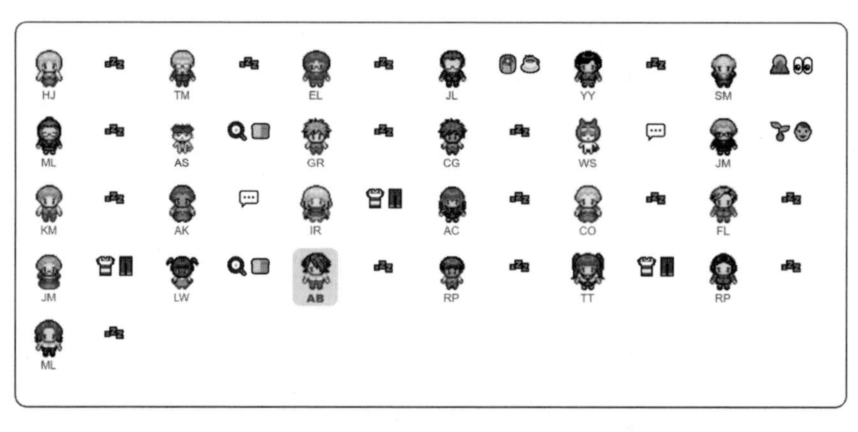

Arthur Burton State Details

Current Action:
sleeping

Location:
the Ville:Arthur Burton's apartment:main room:bed

Current Conversation:
None at the moment

图 8-2

用户可以通过点击“状态详情”按钮来深入了解 GPT 对每个生成式智能体的详细设定。这些设定不仅包括生成式智能体的位置和活动，还细致地描绘了其交际方式和对话内容。基于这些设定，每个生成式智能体都会自主地行动，展现出独特且富有个性的行为模式。

这样的设计使得用户不仅可以观察和体验一个充满活力的虚拟社区，还可以洞察每个生成式智能体的个性和行为逻辑，从而更加真实地感受 AI 技术在模拟人类社会互动中的能力和潜力。通过这种方式，斯坦福小镇项目提供了一个独特的窗口，让用户能够直观地了解和探索 AI 的复杂性和多样性。

与传统游戏中预先编写好剧本相比，斯坦福小镇中生成式智能体的日常活动并非以此为基础。在对话过程中，不存在固定的代码来确定每句台词和情节。与大家熟悉的与 AI 对话的场景相似，智能体之间的每次对话都会产生不同的回答。尽管在其背后存在一些提示词来定义整体框架，例如角色的性格和主要目标，但对话的具体内容是完全自由发挥的。

这种结合了先进语言模型和精细场景设计的方法，使斯坦福小镇项目不仅是一个游戏，还是一个展示 AI 技术在模拟人类社交和行为方面潜能的突破性平台。因此，这个项目在游戏界引起了广泛的关注和热议。

8.1.4　生成式智能体设计

在斯坦福小镇项目中，每个生成式智能体都被赋予了独特的个性和背景故事。例如，一个生成式智能体可能是一个药店老板，拥有家庭和社交生活，或者是一个学生，热衷于学习音乐理论。这种个性化设计使得每个生成式智能体都拥有独特的身份，能够以更加真实和多维的方式参与到虚拟社区的互动中。再如，一个生成式智能体在早上醒来后的行为，会根据其角色和当天的环境设定进行决定。这种方法允许生成式智能体根据时间和环境变化做出反应，如工作、参与社交活动，甚至体验爱情。这种行为生成方法使得每个生成式智能体的行为都显得自然和贴近现实生活。

在斯坦福小镇项目中，每个 GPT 实例都代表一个独立的生成式智能体，它们各自根据设定的信息做出反应和行动。例如，一个生成式智能体可能决定在特定的时间进入厨房，而另一个生成式智能体也可能在同一时间做出类似的决定。

生成式智能体之间的互动并不是在同一个虚拟空间中直接发生的，而是通过实验框架进行协调的。当两个生成式智能体“进入”同一个虚拟空间时，实验框架会通知它们彼此存在及周围环境的状态，如桌子边上没有人坐，炉子点着火等。这种机制确保了生成式智能体能够在实验级别的“日”中相互影响和互动。

虽然用户可能无法直接编写每一个细节事件，但是可以通过设定特定的情境或目标，引导生成式智能体在虚拟环境中做出相应的行为和反应。这种设计展示了生成式智能体在文本驱动的现实中的广泛互动和反应能力。

在斯坦福小镇项目中，用户可以通过输入特定的事件和情境来影响生成式智能体的行为。例如，用户可以设定某个特定的环境变化或事件，如节日庆典或紧急情况，这些输入将直接影响生成式智能体的反应和行动。

当用户输入新的情境时，生成式智能体会根据其个性和背景，以及当前的环境条件，做出相应的反应。这使得用户能够以一种新颖和动态的方式与生成式智能体进行互动，创造出丰富多彩的虚拟社交体验。通过这种互动，用户不仅能够观察生成式智能体的行为变化，还可以探索不同输入对生成式智能体决策过程的影响。

斯坦福小镇项目中的数据处理涉及为每个生成式智能体的即时环境提供详细的提示信息。例如，生成式智能体可能会收到关于当前日期、时间和其在虚拟空间中所处位置的信息。对这些数据的精确处理对于确保生成式智能体能够根据其个性和情境做出合理反应至关重要。

为了处理生成式智能体对长期事件的记忆，实验框架将重要的信息合成为简单的片段，并存储在生成式智能体的“长期记忆”中。例如，生成式智能体在公园的某个特定情景中观察到的信息，可能会被精简为“与某个人在公园相遇”，并存储为长期记忆。这种记忆管理机制确保了生成式智能体能够保持其个性和历史背景的连贯性，同时也减少了处理大量非关键信息的负担。

这种精确的数据处理和记忆管理机制，确保了斯坦福小镇内的生成式智能体能够适应并响应复杂的社交环境，同时保持其行为的一致性和真实性。通过这些机制，该项目不仅提供了对生成式智能体行为模式的深入理解，还创造了一个与真实世界互动和行为模式相似的虚拟环境。

8.1.5　实验目的

斯坦福小镇项目通过运用生成式智能体技术，赋予了每个生成式智能体独立性和决策能力，使它们能根据内置规则和外部互动自主做出反应。尽管面临维持生成式智能体互动连续性和一致性的挑战，但项目团队通过复杂的实验框架和精确的数据处理与记忆管理机制成功地实现了这一目标。

虽然 GPT 是先进的语言模型，但其原本设计并非用于长期模拟虚构人物或处理琐碎的日常事务。因此，斯坦福小镇项目在模拟生成式智能体的长期行为和复杂互动时受到了一定的限制。项目团队需要在真实感和功能性之间寻找平衡点。

目前，尽管斯坦福小镇项目在技术上可行，但其实用性和可扩展性仍有待提高。未来，该项目将简化实验框架，以便更广泛地应用，如游戏和虚拟环境。此外，随着 AI 技术的进步，预期将有更多创新方法出现，从而提升生成式智能体的真实感和互动性。

斯坦福小镇作为一个微缩但富有活力的社会模型，融合了各种建筑、道路、公园和其他设施，模拟了居民的日常生活。这个环境中的生成式智能体不仅模拟了人类的行为和互动，还为研究者提供了一个平台，以探索社会的复杂互动和群体行为。通过观察虚拟社区中的互动模式，该项目团队探讨了合作、竞争、信任和冲突等社会基本要素，为社交机器人、虚拟角色的研发提供了新的启示和经验。

在实验环境中，研究团队对生成式智能体进行了一系列实验和观察，模拟了真实世界中的各种情境。他们发现，尽管生成式智能体在某些预期挑战中表现出色，但在复杂的社会互动和某些意外挑战中则表现得相对较弱。这些发现不仅为深入理解生成式智能体的行为模式提供了新的视角，还为相关领域的研究者搭建了一个开放、协作的平台。

通过斯坦福小镇项目，我们可以看到 AI 如何在模拟人类社交行为和情感反应方面展现出巨大的潜力。这个由生成式智能体构成的虚拟社区，不仅为理解人类行为提供了新视角，还为 AI 技术的未来应用开辟了新道路。尽管面临技术和实用性挑战，但该项目无疑为 AI 在社会模拟和互动领域的发展奠定了坚实基础，预示着 AI 在更广泛的领域有良好的应用前景。

8.2　生成式智能体架构设计

8.2.1　基础架构

斯坦福小镇项目以其独特的生成式智能体为核心，成功地构建了一个生动、多彩的虚拟社区。在这个像素艺术风格的虚拟社区中，每个生成式智能体都被赋予了独特的属性和行为规则，展现出丰富多彩的社会景象。

生成式智能体的基本架构由属性设置、行为模式和状态机构成。属性设置涵盖生成式智能体的名字、年龄、职业和性格等基本特征，决定了其行为倾向。行为模式根据预定义的模型生成生成式智能体的行为，包括基本的社会互动模式、决策制定流程和响应外部刺激的机制。状态机则使生成式智能体能够根据当前的状态和外部互动做出相应的决策与行为。

为了进一步实现这些生成式智能体，研究团队描述了一个复杂的生成式智能体架构，如图 8-3 所示。该架构使用 LLM 存储、综合和应用相关记忆，生成逼真的行为。记忆流作为长期记忆模块，记录生成式智能体的全部经历。反思部分将记忆合成为高层次推理，帮助生成式智能体得出关于自我和他人的结论。规划部分则将这些结论和当前的环境转化为详细的行动与反应行为。

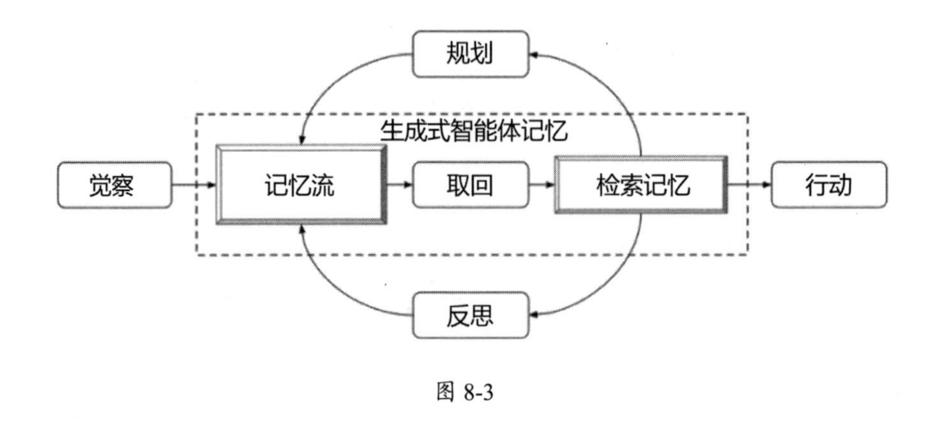

图 8-3

在斯坦福小镇中，生成式智能体扮演着农民、商人、工匠或领袖等角色，参与不同的社会活动。它们的互动是动态和事件驱动的，外部事件和虚拟社区的环境都会影响它们的行为和决策。这样的设计使斯坦福小镇成为一个富有生命力和动态变化的虚拟社区，为研究团队提供了一个有价值的平台来模拟和研究人类社会互动。

该架构在多个场景中都具有广泛的应用前景，既包括角色扮演和社交原型的模拟，也适用于虚拟世界和游戏的构建。用户可以在角色扮演场景中安全地对话。设计师在开发社交平台时，可以创建更真实、更复杂的交流场景。

8.2.2 记忆和检索

目前，创建能够模拟人类行为的生成式智能体确实面临一些挑战。这些挑战主要源于生成式智能体需要处理和反思大量信息，以及如何在有限的上下文窗口中有效地使用这些信息。例如，当生成式智能体 Isabella 被问及“这些日子你对什么充满热情”时，如果尝试将其所有经历概括到语言模型的有限上下文窗口中，就可能会出现信息量不足的回答，Isabella 可能只是讨论了各种活动和项目的合作、咖啡店的清洁等。

为了避免出现此种概括情况，我们可以利用以下所述的记忆流呈现相关记忆，以便得到信息量更大和更具体的回答。Isabella 在策划活动、创造一个人们可以享受的氛围等方面热衷于让人们感到受欢迎和被包容，例如情人节派对。

记忆流维护着生成式智能体经历的全面记录。它是一个记忆对象列表，其中每个对象都包含自然语言描述、创建时间戳和最近访问时间戳。记忆流的最基本元素是觉察，它是生成式智能体直接感知到的事件。常见的觉察包括生成式智能体自己的行为，或生成式智能体感知到的其他生成式智能体或非生成式智能体的行为。例如，Isabella 在咖啡店工作，随着时间的推移，可能会积累以下觉察：①Isabella 正在摆放糕点。②生成式智能体 Maria 在喝咖啡的同时准备化学考试。③Isabella 和 Maria 正在商量在 Hobbs 咖啡店策划情人节派对。④冰箱里什么都没有。

记忆流包含大量与生成式智能体当前的情况相关和不相关的觉察。检索系统识别出了应该传递给语言模型的子集，调节其对情况的响应。

研究团队的架构实现了一个检索函数，它以生成式智能体当前的情况为输入，并返回一个记忆流的子集，以传递给语言模型。检索函数有许多可能的实现，具体取决于生成式智能体在决定如何行动时需要考虑什么。研究团队专注于记忆流、反思和规划三个主要组成部分，它们共同产生有效的结果。

研究团队采用了指数衰减函数的方法来处理记忆对象的时效性，其核心是为最近的记忆对象赋予更高的权重。具体来说，衰减因子为 0.99，用上次检索该记忆对象到现在所经过的沙盒游戏小时数来计算这个记忆对象的时效性。比如，上次检索该记忆对象在 10 小时前，就用 0.99 的 10 次方来计算这个记忆对象现在的时效性分数。

研究团队会根据记忆对象的重要性区分平凡和核心记忆，为认为重要的记忆对象分配更高的分数。例如，像在自己的房间里吃早餐这样的平凡事件将获得较低的分数，而与伴侣分手这样的事件将获得较高的分数。研究团队发现直接要求语言模型输出一个整数分数是有效的，因此这是研究团队实现的重要性打分方式之一。

研究团队将相关性条件融入查询记忆（Query Memory）中，通过对与当前情境相关的记忆对象赋予更高的权重来实现。这种相关性的判定依据在于回答“与什么相关”的问题。举个例子，如果一个学生正在与同学讨论化学测试的学习内容，那么与早餐相关的记忆对象的相关性较低，而与教师和学校工作相关的记忆对象的相关性则较高。他们利用语言模型生成每个记忆描述文本的嵌入向量，然后通过计算余弦相似度来确定记忆的嵌入向量与查询记忆的嵌入向量之间的相关性。

8.2.3 反思

当仅依赖原始的觉察时，生成式智能体在泛化或推理方面可能会遇到困难。例如，考虑一个情境：用户询问生成式智能体 Klaus：“如果你必须选择与一个你认识的人共度一小时，你会选择谁？”仅依赖观察记忆的智能体可能会选择与它互动最频繁的人，即它的大学室友生成式智能体 Wolfgang。然而，这种选择可能并不理想，因为 Wolfgang 和 Klaus 缺乏深入交流。

更理想的答案需要 Klaus 从关于研究项目的记忆中进行泛化，形成更深刻的反思。例如，Klaus 对研究充满热情，并意识到 Maria 在自己的研究领域付出了努力（尽管它们研究的领域不同）。基于这些信息，Klaus 可以得出结论：它们有共同的兴趣和爱好。

因此，通过这种方式，当被问及选择与谁共度时光时，Klaus 会选择 Maria 而不是 Wolfgang。这种选择不仅基于它们之间的共同兴趣，还反映了生成式智能体对人类情感和人际关系的深入理解。

与基础的记忆类型——觉察相比，研究者引入了第二种记忆类型，称为反思（Reflection）。反思是一种生成式智能体生成的高层次、更抽象的思考。由于反思是一种记忆，因此在检索事件发生时，反思会与其他觉察一同包含在内。当生成式智能体感知到最新事件的重要性分数之和超过一定阈值时，就会进行反思。在实践应用中，研究团队的生成式智能体大约每天进行两到三次反思。

反思的第一步是，生成式智能体需要明确其反思的对象，也就是基于近期经验寻找出可以提问的问题。为了实现这一点，研究团队调用了生成式智能体记忆流中近期的 100 条记录，比如“Klaus 正在阅读一本关于社区变迁的书”“Klaus 正在与图书馆管理员讨论它的研究项目”“图书馆的桌子目前没有人占用”等。随后，他们将这些信息提交给 LLM，要求 LLM 基于这些信息提出关键的高层次问题。LLM 回应了诸如“Klaus 对哪个主题有深厚的兴趣”和“Klaus 和 Maria 的关系如何”这样的问题。之后，研究团队以这些生成的问题为依据进行信息检索，并收集与每个问题相关的记忆内容（也包括其他反思）。最后，研究团队要求 LLM 提炼出见解，并引用特定的记录作为见解的证据。

反思明确允许生成式智能体不仅能对其觉察进行思考，还具备反思其他反思的能力。由此，生成式智能体会形成一种独特的反思结构，称为反思树。在反思树中，叶节点代表着基本觉察，而非叶节点则代表更为抽象的思维层次。这些抽象的思维层次在树中的位置越高，代表其思考的深度越深，思考的广度也越大。

8.2.4 规划和反应

虽然 LLM 依据情境信息产生可信行为的能力引人注目，但生成式智能体若要在更长的时间范围内进行规划以确保行动序列的连贯性和可信度，则无疑是一个挑战。如果我们以 Klaus 的背景信息为示例，设定特定的时间并询问它在此期间应该采取什么行动，就可能得到一个不够连贯的结果。例如，Klaus 可能在中午 12 点吃午餐，然后分别在 12 点半和 1 点再次吃午餐，尽管它已经吃了两次午餐。这种行为显然牺牲了时间可信度以满足优化可信度。

为了解决这个问题，我们强调规划的重要性。通过明确设定生成式智能体的行动计划，我们可以避免出现这样的问题。行动计划不仅描述了生成式智能体未来的一系列行动，还有助于保持其行为的连贯性。每个计划条目都包括一个地点、一个开始时间和一个持续时间。例如，Klaus 作为一个勤奋的研究者，面对即将到来的截止日期，可能会选择在 Oak Hill 学院宿舍的房间内工作，起草它的研究论文。一个典型的计划条目可能这样描述："从 2023 年 2 月 12 日上午 9 点开始，持续 180 分钟，在 Oak Hill 学院宿舍的 Klaus 的房间的桌子上，Klaus 阅读和写研究论文。"

计划的重要性不仅在于为生成式智能体的行为提供了明确的方向，而且还被存储在记忆流中，并参与检索过程。这使得生成式智能体在决定如何行动时可以同时考虑观察、反思和计划。如果需要，生成式智能体还可以在计划执行过程中更改计划。

以一个艺术家生成式智能体为例，如果为其制订的计划是在药房柜台前坐着画画 4 小时而不进行任何其他活动，那么这样的计划显然既不现实也无趣。更理想的计划将涉及生成式智能体在其家庭工作室度过 4 小时，这包括收集材料、调色、休息和清理等必要环节。为了创建这样的计划，研究团队需要采取一种从宏观到微观的递归策略。研究团队要为一天创建一个概述性的日程计划。为了生成这个初始计划，研究团队需要向语言模型提供生成式智能体的相关信息（例如姓名、特征和它们最近经历的概述），以及前一天的活动概述。

8.2.5　行为和互动

在斯坦福小镇项目中，生成式智能体在虚拟环境中的行为和互动模式是模拟复杂的人类社会互动的核心。每个生成式智能体都是独立的个体，它们根据内部的决策逻辑和外部的环境刺激做出反应，通过相互作用和协作，展现出类似于人类社会中的复杂行为和互动模式。

生成式智能体的行为主要由其内部的属性、状态和外部的互动刺激来决定。比如，一个生成式智能体可能因为职业属性是农民，所以它的主要行为是耕种和收割。但当遇到节日或者社区活动时，它可能会参与庆祝和社交。此外，生成式智能体之间的关系也会影响它们的互动模式，如友好关系可能会增加相互之间的正面互动，而敌对关系可能会导致冲突和竞争。

生成式智能体在虚拟环境中的互动模式是多样的和动态的。它们可以通过语言、行为和情感等多种方式进行互动。比如，生成式智能体可以通过文字对话交流信息，通过合作完成特定任务，或通过表情和情感反应展示个体状态。这种多层次和多维度的交流方式，使得虚拟社区的互动模式丰富多彩，反映了人类社会互动的复杂性。

通过模拟复杂的人类社会互动，斯坦福小镇项目不仅为研究团队提供了一个观察、分析人类社会行为和互动模式的平台，还为探索生成式智能体技术的应用和发展提供了宝贵的经验。比如，通过观察和分析生成式智能体在虚拟环境中的行为和互动模式，研究团队可以更好地理解人类社会的运行机制和群体行为的动态变化。同时，这种模拟也为探索生成式智能体技术在社会学、经济学和心理学等领域的应用提供了可能的方向。

总的来说，斯坦福小镇项目通过设计和实现生成式智能体，成功地模拟了复杂的人类社会互动，为未来生成式智能体技术的研究和应用提供了宝贵的经验与启示。

8.2.6 用户参与

在斯坦福小镇项目中，为了使用户能够轻松地与生成式智能体互动和控制它们，研究团队设计了简单、直观的图形用户界面。

图形用户界面的设计采用了直观、易用的原则，使得用户不需要有深厚的技术背景也能够对生成式智能体进行设置和控制。例如，用户可以通过简单的拖放和点击操作，为生成式智能体设置不同的属性和状态，如角色、职业、关系和行为模式等。同时，界面上还提供了丰富的可视化工具，使用户能够实时地观察和分析生成式智能体的行为与互动模式，以及模拟场景的整体运行状态。

创建自定义的模拟场景也是图形用户界面的重要功能之一。用户可以通过界面创建不同的模拟场景，如家庭、社区、市场等，并在这些场景中添加和设置生成式智能体。这为用户提供了一个沙盒式的环境，使他们能够探索和理解生成式智能体在不同的社会环境中的行为和互动模式。

此外，斯坦福小镇项目还为用户提供了将生成式智能体添加到视频游戏中的功能。用户可以通过图形用户界面将设计好的生成式智能体和模拟场景导出为视频游戏的模组或扩展包，从而在游戏中模拟丰富多彩的人类社会。这不仅丰富了视频游戏的内容和玩法，还为游戏开发者提供了一个高效、便捷的人类社会模拟工具。

通过简单的图形用户界面，斯坦福小镇项目降低了用户使用生成式智能体的门槛，使得更多的人能够体验和利用生成式智能体技术。同时，它也为生成式智能体的研究和应用提供了一个实用的平台，推动了生成式智能体技术在模拟和游戏开发领域的应用与发展。

8.3　对未来的启示

8.3.1　生成式智能体的潜力无限

生成式智能体的应用潜力已经超越了沙盒演示范围。例如，社交模拟系统中已经展示了创建无状态角色的能力，这些角色能够在在线论坛中生成对话线程，从而进行社交原型设计。利用生成式智能体，我们不仅可以在这些论坛中填充内容，还能在元宇宙和未来的社交机器人中实现多模型配对，为进行更强大的人类行为模拟，创建测试和原型化社交系统及理论，以及创建新的互动体验提供了可能。

另外，生成式智能体在人本设计过程中也具有不可或缺的应用。它们能够模拟并预测类似于 GOMS 模型（Goals, Operators, Methods, and Selection Rules）和击键层模型（Keystroke Level Model）的认知模型的应用效果。举例来说，设想一个生成式智能体，它模拟了 Mark Weiser 的著名故事中主角 Sal 的生活模式及与技术的互动方式。在这种场景中，生成式智能体成为 Sal 的代表，学习并反思可能的行为，比如 Sal 的日常作息模式，包括何时起床、何时需要第一杯咖啡等。利用这些信息，生成式智能体能够自动煮咖啡、帮助孩子准备上学、根据 Sal 下班后的情绪调整环境音乐和灯光。通过将生成式智能体作为用户的代表，我们可以更深入地理解用户的需求和偏好，为他们提供个性化的体验。

斯坦福小镇项目凸显了生成式智能体的巨大潜力。不同于传统的基于规则的 AI 系统，这些生成式智能体具有自主学习和适应的能力，不受预先编程的限制，能够在未知和不确定的环境中表现优异。例如，生成式智能体可以被应用于自动驾驶汽车、医疗诊断和金融市场预测等多个领域。其自主学习能力使它们能够在不断变化的环境中持续优化，提供更准确和更高效的解决方案。同时，生成式智能体也能够被应用于创意领域，如艺术和设计，为艺术家和设计师提供创作灵感。例如，一位美国著名艺术家利用生成式智能体创作了一系列绘画作品，引起了艺术界的极大关注。

斯坦福小镇项目为研究者和开发者提供了一个独特的平台，通过创建虚拟的、动态的社区环境，深入探讨了人类社会互动和人际关系的复杂性。在该模拟环境中，生成式智能体的行为和互动模式模拟了真实世界中的人类社会活动，为理解和分析人类社会互动提供了有价值的信息。例如，通过模拟不同的社会结构和关系网络，研究者能够探讨社会影响、集体行为和社会规范等。同时，生成式智能体之间的互动和交流也为研究人类沟通与协调机制提供了参考。

斯坦福小镇项目的研究和实验结果为创建可信、自然的社交机器人与虚拟角色奠定了基础。通过模拟和理解人类社会互动的复杂性，我们能够为社交机器人和虚拟角色的设计与开发提供有益的启示。例如，根据人类社会的互动模式和规律，设计出能够自然融入人类社会和文化环境的社交机器人与虚拟角色。在此基础上，社交机器人和虚拟角色的互动设计可以更贴近真实的人际互动模式，使它们能够更好地理解和响应人类用户的需求与情感。同时，斯坦福小镇项目的研究成果为社交机器人和虚拟角色的行为与决策机制提供了准确和合理的模型，使它们能够在复杂的社会环境中表现出自我适应和智能的行为。

在本次研究中，由于时间尺度的限制，我们只能对生成式智能体的行为进行初步评估。为了全面地了解其能力和局限性，未来的研究应该加强对生成式智能体行为的长时间观察。通过对比基础模型和生成式智能体使用的超参数的变化，我们可以获得对生成式智能体行为有价值的见解，进一步优化模拟结果。

同时，由于 LLM 的已知偏见，生成式智能体可能会输出反映偏见的行为或刻板印象。为了减少出现这种情况，需要进一步进行价值对齐。此外，与许多 LLM 一样，生成式智能体可能无法为某些亚群体（尤其是边缘化群体）生成可信的行为，因为缺乏数据。我们对生成式智能体的鲁棒性了解有限。它们可能容易受到提示黑客、记忆黑客（即通过精心设计的对话来说服生成式智能体认为发生了从未发生的事件）和幻觉等攻击的影响。未来的研究可以全面地测试这些鲁棒性问题，如果 LLM 变得足够强大就可以抵御此类攻击，生成式智能体可以采用类似的缓解措施。

未来几年，我们有望见证生成式智能体在各个领域广泛应用。这些生成式智能体的自主学习能力将使它们在不断变化的环境中崭露头角。随着技术持续进步，我们将目睹更强大和更智能的生成式智能体诞生。这些生成式智能体将为人类解决纷繁复杂的难题，带来前所未有的便捷与创意。斯坦福小镇项目不仅揭示了生成式智能体的巨大潜力，还开启了一个充满无限可能的崭新未来。

8.3.2 生成式智能体的伦理挑战

生成式智能体为人机互动提供了新的可能性。然而，随之而来的伦理问题不容忽视。

第一个风险是，即便明知生成式智能体仅为计算实体，人们也可能与之建立社交关系，甚至产生拟人化或情感依赖。为了解决此问题，我们提出两个原则：首先，生成式智能体需要明示其为计算实体的事实；其次，开发者需要确保生成式智能体或其基础语言模型的价值对齐，以避免在特定环境中产生不适当的行为，例如回应情感表白。

第二个风险是，负面的影响。如果生成式智能体预测的应用程序对用户的目标推断错误，就可能引发用户不满，甚至直接对用户造成伤害。尽管在互动式视频游戏环境中，此类情况不太可能发生，但是在其他应用领域，理解和避免错误对优化用户体验至关重要。

第三个风险是，生成式智能体可能会加大与生成式 AI 相关的现有风险，例如深度伪造、虚假信息生成和定制诱导。为了降低此类风险，我们建议托管生成式智能体的平台维护一个输入和生成的审计日志，以帮助检测、验证其恶意用途的可能性并进行干预。

我们需要认识到，开发者和设计师在使用生成式智能体时也面临一些挑战。过度依赖生成式智能体可能导致人类和利益相关者在设计过程中的作用被边缘化。因此，我们强调生成式智能体应该作为人类输入的辅助工具，在研究和设计过程中不应该被视为替代品。

我们可以利用生成式智能体的能力来改善人类生活。例如，训练生成式智能体理解并回答人类的问题，甚至生成新知识和创意内容，如音乐、电影和文学作品。随着生成式智能体的广泛应用，我们面临许多新的机遇和挑战。

8.3.3　潜力与伦理并重的未来

为了解决这些问题，我们需要考虑建立规范和框架以确保生成式智能体的行为符合道德与社会标准。例如，如果生成式智能体学会有害行为，那么我们可以考虑进行干预和调整，同时增加生成式智能体决策过程的透明度，以便更好地确定责任和问责。此外，我们还需要考虑如何将生成式智能体应用于各个领域以实现社会效益，例如改善医疗保健服务、提高教育质量和推动科学研究，同时避免对劳动力市场造成负面影响。

斯坦福小镇项目让我们深入了解了生成式智能体的能力和局限性。通过不断地研究和实验，我们有理由相信将迎来一个智能和和谐的未来。为了实现上述目标，我们需要采取一系列积极的措施。除了完善数据集和算法以提高生成式智能体的生成质量，增加生成多样性，我们还需要研究如何增强这些生成式智能体的安全性和隐私保护，确保它们不会对人类造成任何伤害。此外，为了提高公众对生成式智能体的信任程度，我们还需要加强对这些生成式智能体的可解释性和透明度的研究。

除了上面提到的策略，我们还可以探索一些新的方法和技术来进一步推动生成式智能体的发展与应用。例如，利用强化学习和自我学习能力来提高生成式智能体的自主性与适应性；借助语义理解和自然语言生成技术提高生成质量，增加生成多样性；利用联邦学习等技术确保用户隐私和数据安全。

在应对新技术的挑战时，我们应该积极地采取措施，通过加强对生成式智能体的伦理和社会影响的研究，制定相应的指导原则和政策。这些指导原则和政策将有助于规范生成式智能体的行为，并确保其符合社会道德和法律规定。同时，我们还需要加强公众教育和培训，加强人们对这种新技术的认识和理解。这将有助于培养公众对生成式智能体的接受程度，并促进其在各个领域广泛应用。

总的来说，生成式智能体会带来一系列机遇和挑战，我们需要深入思考如何利用其能力改善生活，同时解决伦理和社会问题。我们需要确保生成式智能体健康发展。只有这样，生成式智能体才能为人类带来更多的福祉和发展机遇。

第 9 章　自主式智能体的典型案例

自主式智能体是目前 AI 研究的重要方向之一，具备一定程度的自主决策能力，能在多变的环境中执行任务，并在这个过程中学习和自我适应。随着技术进步和研究深入，自主式智能体已经开始在多个领域展现出潜在的价值。它们不仅能执行简单的任务，还能解决复杂的决策问题，并在一定程度上模拟人类的决策过程。

接下来，我们将通过对典型项目的分析来深入探讨自主式智能体的设计、实现和应用。这些项目分别代表了自主式智能体在自我监督学习和通用 AI 研究方面的国内外最新进展。通过深入分析项目，我们能够更好地理解自主式智能体的设计原则和实现方法，以及它们在未来 AI 研究和应用中的潜在价值。同时，这也为我们提供了理解和设计更复杂、更高效、自我适应智能体系统的基础。

9.1 AutoGPT：通过自然语言的需求描述执行自动化任务

9.1.1 AutoGPT 的核心功能

AI 技术迅猛发展，其中自主式智能体成为研究焦点。这些自主式智能体能够独立理解和执行人类用自然语言提出的任务，展现了 AI 的巨大潜力。AutoGPT，作为该领域的代表，基于 OpenAI 的 GPT-4 或 GPT-3.5 模型实现。

AutoGPT 能通过自然语言理解用户的目标，并将其分解为子任务来执行，无须用户过多干预。它不仅代表了自主智能新纪元的开端，还引领了以人为本的交互方式，使得人机交互更自然、更高效。自主式智能体的自主生成提示并执行任务这一核心特点，减少了对人类指令的依赖，提供了更便捷的交互体验。

AutoGPT 的开源性质加快了 AI 的创新步伐。它鼓励更多研究者和开发者参与，通过社区的力量共同推动自主智能的发展。这不仅促进了 AutoGPT 持续优化，还为 AI 社区构建了一个创新实验平台。

与传统智能助手不同，AutoGPT 能够独立完成任务，而不是像 ChatGPT 那样依赖用户的具体提示。用户只需要描述目标，AutoGPT 即自动生成提示并自动化地完成任务，从而大幅提高工作效率，节约用户的时间和精力。

AutoGPT 的出现无疑为自主智能注入了新活力，其自主性、直接的交互方式和自我学习的能力，不仅为用户带来便利，还预示了 AI 在未来生活和工作中具有无限可能。

9.1.2 AutoGPT 的技术架构

AutoGPT 的核心技术架构深受堆叠（Stacking）概念的影响，这个概念允许它递归地调用自身，并使用其他模型作为工具或媒介来完成任务。堆叠技术的运用让 AutoGPT 在执行任务的过程中能够动态地调整策略和流程，以适应不同的任务需求和环境变化，这对于执行复杂任务和提高执行效率至关重要。

在执行任务时，AutoGPT 能够根据预设的目标将复杂的任务分解成可执行的子任务，同时生成与上下文相关的响应。这种任务分解和响应生成的能力使得 AutoGPT 能够理解与处理复杂的任务需求，为用户提供准确和及时的服务。同时，这种机制也为 AutoGPT 提供了不断学习和优化的可能，使其能够在执行任务时不断地提高效率和准确度。

AutoGPT 的技术架构不仅为其自主执行任务提供了强有力的支持，还为未来自主智能领域的研究和开发提供了有价值的参考。对这些核心技术的进一步研究和优化，有望进一步提升 AutoGPT 及其他自主式智能体在实际应用中的性能，为推动自主智能领域的持续发展做出贡献。

9.1.3 AutoGPT 的应用范围

AutoGPT 的出现极大地拓宽了 AI 应用的范围。通过自动化多步提示过程，AutoGPT 能够实现从基本对话到复杂项目管理的自动化，为用户完成大规模的任务提供了可能。

在实际应用中，AutoGPT 的自主性和多任务处理能力使其成为一个非常有价值的工具。它能够自主地管理和执行多个任务，为用户节省大量的时间和精力，而且因为 AutoGPT 能够自主地生成提示并执行任务，所以它在一些需要自动化管理和执行的领域，如项目管理、数据分析和自动化测试等，具有广泛的应用前景。

更重要的是，AutoGPT 的开放源代码性质为广大研究者和开发者提供了一个独特的平台，使他们能够在 AutoGPT 的基础上进行创新和优化，推动自主智能技术发展。通过社区的合作和贡献，AutoGPT 及其衍生产品有望在未来为更多领域和行业提供高效、智能的解决方案，为现代社会快速发展贡献力量。

AutoGPT 的应用范围和潜在影响显示了自主智能在现代社会和产业发展中的重要性。随着技术不断进步和应用不断拓展，我们有理由期待 AutoGPT 及其他自主式智能体将为我们的生活和工作带来更多便利与创新。

9.1.4 未来展望

在未来，AutoGPT 可能会发展出更加高级的自然语言处理能力，能够更好地理解和执行复杂的命令。例如，它可能会在理解用户意图的基础上，自动调整其行为以适应用户的个人偏好和习惯，从而提供个性化的服务。此外，AutoGPT 可能会集成更多的外部接口，能够与智能家居设备、个人健康监测系统等进行交互，为用户提供全面的智能生活体验。

在工作场景中，AutoGPT 可能会成为项目管理和团队协作的强大工具，通过自动化处理日常任务和提供实时的数据洞察，帮助团队提高工作效率。它还可能在创意产业中发挥作用，通过生成新的创意内容，如故事、诗歌或音乐，激发人类的创造力。

随着技术的发展，AutoGPT 的自我学习能力将得到加强，使其能够从每次交互中学习并不断改进。这将使得 AutoGPT 成为一个不断进化的自主式智能体，能够适应不断变化的环境和需求。

总的来说，AutoGPT 的未来是充满希望的，它将在提高生活质量、推动社会进步和促进人类与 AI 和谐共存方面发挥重要作用。随着研究深入和技术成熟，我们期待 AutoGPT 能够实现更多的突破，为人类社会带来积极的影响。

9.2　BabyAGI：根据任务结果自动创建、排序和执行新任务

9.2.1　BabyAGI 的核心功能

BabyAGI 作为一个先进的自主式智能体，展现了其在任务管理自动化方面的深刻理解和实现。它依托于 OpenAI 的技术和 Pinecone API 的支持，结合 LangChain 框架，在处理多种任务时性能卓越。

在自动化头脑风暴和创意生成方面，BabyAGI 具有独特的能力。它利用 OpenAI 的 GPT 模型进行创意想法的生成，能够理解用户的目标并基于这些目标产生一系列创意。这种自动化的创意生成过程不仅节省了

时间，还能给出新的解决方案。

对于任务的生成和组织，BabyAGI 也展现了高超的能力。它能够根据用户的输入或者通过自动化的头脑风暴产生的结果来生成具体的任务。这些任务不仅被有逻辑性地排列，还被有效地组织起来，使得用户能够更轻松地追踪和管理。

在任务的优先级排序方面，BabyAGI 同样表现出色。它能够根据任务的紧迫性和重要性自动排序，确保重要的任务能够得到优先考虑和执行。这种智能排序方式大大地提高了任务处理的效率和准确性。

此外，BabyAGI 在自动化执行计划的创建上也展现了优势。通过减少项目管理中的手动干预，BabyAGI 不仅提高了效率，而且提高了执行计划的准确性。这使得项目管理流程更顺畅和更高效。

BabyAGI 的技术架构还使其能够提供适应性强和个性化的服务。无论是商业项目管理还是个人日常任务，BabyAGI 都能够根据用户的具体需求提供有效的解决方案。它利用深度学习和 NLP 技术，能够处理大量数据和信息，从而在复杂任务的理解和执行方面表现得高效、准确。

总的来说，BabyAGI 的核心功能体现了当代 AI 技术在任务管理领域的最新成就。它不仅简化了任务管理流程，还通过智能化的方法提高了工作效率和质量，成了个人和组织优化工作流程的有力工具。

9.2.2 BabyAGI 的技术架构

BabyAGI 的技术架构是其功能实现的基石，它结合了多种先进技术来提供强大的任务管理能力。其核心组成包括 OpenAI 的 GPT 模型、Pinecone 的向量数据库技术，以及 LangChain 框架。

OpenAI 的 GPT 模型在 BabyAGI 中发挥着至关重要的作用。GPT 模型赋予了 BabyAGI 理解复杂语境和生成任务的能力，特别是在涉及 NLP 和机器学习方面。GPT 模型的应用不限于理解用户输入的目标，还包括基于这些目标生成具体、可执行的任务，这是 BabyAGI 自主性和智能化操作的核心。

Pinecone 的向量数据库技术则为 BabyAGI 的任务排序和优先化处理提供支持。通过这种技术，BabyAGI 能够快速、有效地处理和分析大量数据，为任务生成和执行顺序的确定提供数据支持。这使得 BabyAGI 能够确保重要和紧急的任务得到优先执行，从而提高整体的任务管理效率。

LangChain 框架使得 BabyAGI 的功能全面和强大。LangChain 作为一个框架，提供了一套工具和方法来帮助开发更复杂、更富有创造力的 AI 应用。在 BabyAGI 中，LangChain 帮助实现了从任务生成到执行的整个流程的自动化，包括任务的细化、计划的制订及执行过程的管理。

此外，BabyAGI 的技术架构还包括深度学习和 NLP 的高级应用，使其能够处理复杂的数据集和执行复杂的任务。这种综合应用的技术架构使得 BabyAGI 不仅能够适应各种不同类型的任务需求，还能在提供个性化服务的同时保持高效率和高准确性。

综合来看，BabyAGI 的技术架构是其具有高效、智能化任务管理能力的关键。通过结合最新的 AI 技术和框架，BabyAGI 为用户提供了一个强大、灵活且可靠的任务管理工具。

9.2.3　未来展望

随着技术不断进步，我们有理由相信类似于 BabyAGI 的自主式智能体将在未来发挥越来越重要的作用。BabyAGI 的出现为自主任务生成和执行提供了一个新的方向，同时也为未来自主式智能体的发展提供了有价值的参考。

BabyAGI 的进一步优化和扩展应用有望为任务管理及其他领域带来新的突破。例如，通过集成更多先进的技术和功能，BabyAGI 可能会提供更强大和多样化的任务管理解决方案。它的自主性和多任务处理能力为 AI 在更多领域应用提供了可能，从基本的日常任务自动化到复杂的项目管理，都有望得到实质性推进。

此外，BabyAGI 的开源特性将促进全球研究者和开发者合作，共同推动自主式智能体发展。社区的贡献将加速 BabyAGI 的创新，催生更多的应用场景。从个人生产力工具到企业级解决方案，都有可能得到 BabyAGI 的支持。

在更长远的未来，我们期待 BabyAGI 能够成为日常生活中不可或缺的智能助手，无论是在家庭管理、教育辅导上，还是在工作流程优化和产业创新上，都能够发挥重要的作用。随着技术成熟和应用深入，BabyAGI 及其同类产品将为人类社会的进步提供强大的智能支持。

9.3 MetaGPT：重塑生成式 AI 与软件开发界面的多智能体架构

9.3.1 MetaGPT 的核心功能

在数字化时代，软件开发的重要性日渐增强，而生成式 AI（Generative AI）作为新兴技术，为革新软件开发过程提供了可能。传统的开发过程依赖人力，而生成式 AI 让自动化代码生成和智能项目管理成为现实。这一背景催生了 MetaGPT。S.Hong 在发表的论文“MetaGPT: Meta Programming for Multi-Agent Collaborative Framework”中详细介绍了这个架构。

MetaGPT 是一个基于 LLM 的多智能体架构，旨在通过智能体元编程和标准操作程序（SOP）的集成，提高多智能体协作的效率，降低开发成本，如图 9-1 所示。它允许不同角色的自主式智能体协同工作，类似于软件公司内部不同部门的合作，以实现复杂任务的自动化处理。MetaGPT 通过这种方式，有望改变软件开发的传统模式，减少错误并提高生产力，同时解决现有语言模型在输出中可能出现的“幻觉”问题。简而言之，MetaGPT 是一种革新技术，将多智能体应用于解决软件开发问题，通过模仿和优化人类团队的工作流程，推动自然语言自动化编程实现和智能体技术发展。

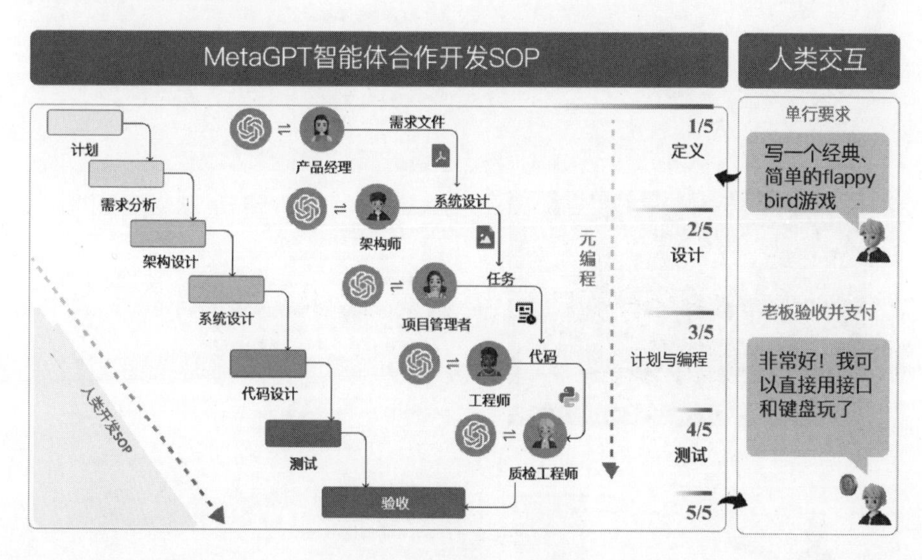

图 9-1

MetaGPT 在 GitHub 平台上展示了其在“软件公司”场景中的核心应

用：它能把简单的需求输入高效地转换成一套完整的软件项目内容，包括 API、用户故事、数据结构、竞争分析和代码等。在这个场景中，不同的 GPT 模型被赋予了产品经理、工程师和架构师等角色，形成了协作的软件实体，以完成复杂任务。这种多智能体架构优化了任务分解、代码生成和项目规划，为软件开发提供了智能化解决方案。图 9-2 所示为 MetaGPT 的软件开发流程图。

图 9-2

MetaGPT 不仅是代码生成工具，而且重新定义了生成式 AI 与软件开发的互动。它帮助开发团队在项目管理、系统设计、代码实现等方面获得 AI 支持，显著提高开发效率和降低成本。MetaGPT 的出现促使开发者和企业用新视角看待软件开发流程，使得开发在多维度上协作进行，这一模式为软件开发的发展提供了新思路。

MetaGPT 提高了软件开发效率和质量。不同于其他的流行架构，MetaGPT 重视代码审查，并加入了预编译执行功能，以便在早期发现并纠正错误，提高代码质量。在代码生成效率上，它通过量化实验证明了其优越性，特别是在 HumanEval 和 MBPP 测试中分别达到了高达 81.7% 和 82.3%的 Pass@1 率（系统在第一次尝试时成功完成任务的比率），意味着准确性高和调试需求少。

资源优化也是 MetaGPT 的一大特色。据统计，使用 MetaGPT 的平均项目成本仅为 1.09 美元（约 7.78 元）。它通过减少令牌使用和优化资源分配来降低成本，同时保持成功率。这一优势使 MetaGPT 在资源受限的情况下成为理想选择。

自主式智能体能够处理长期和复杂的任务。信息技术革命的核心在于提高效率。自主式智能体的使用不仅进一步提高了工作效率，而且其作用类似于增加了工作人数。自主式智能体将迅速而广泛地融入社会的各个方面，包括作为虚拟员工大量加入企业、作为私人 AI 伴侣和助手、自主式智能体之间自主协作，以及分配任务给人类等。目前，AI 模型也将沿着 AI 模型嵌入→AI 模型辅助→智能体→智能体社会的发展模式逐渐融入人类社会，形成全新的智能体社会（Agent Society），如图 9-3 所示。

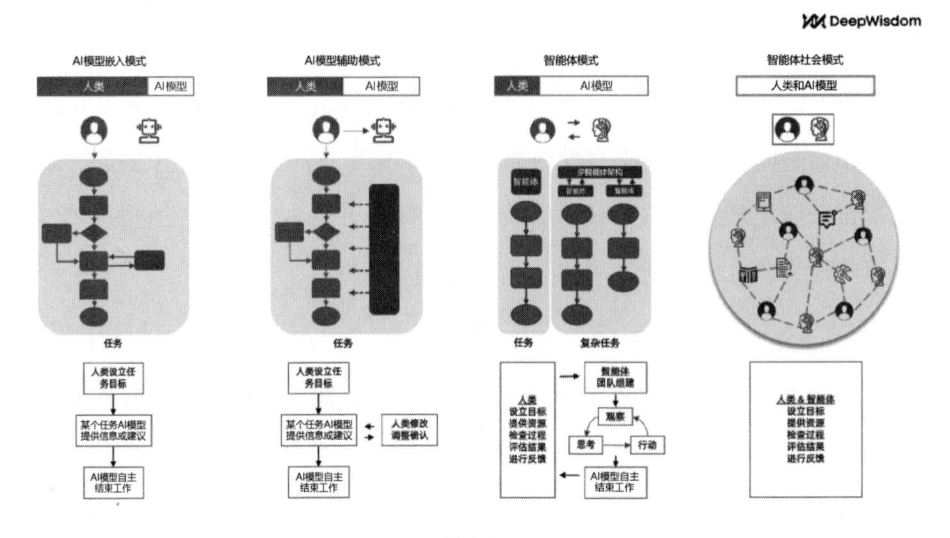

图 9-3

总的来说，MetaGPT 通过其核心功能提供智能化的软件开发支持，优化了开发流程，缩短了开发周期，提高了代码质量，展现了生成式 AI 在现代软件开发领域的应用价值和发展潜力。

9.3.2 MetaGPT 的安装和配置

MetaGPT 的安装和配置过程是用户友好的。它提供了两种主要的安装选项：本地安装和 Docker 安装，以满足不同用户的需求。

希望在本地系统上安装 MetaGPT 的用户，可以通过 NPM（Node 包管理器）和 Python 来完成安装。用户需要先确保已安装了 NPM 和 Python 3.9 或更高版本。接下来，用户可以克隆 MetaGPT 的 GitHub 仓库，然后执行 Python 安装脚本来安装 MetaGPT。这种安装方式相对简单，只需要遵循一些基本的步骤即可完成安装。

对于喜欢使用容器化(Docker)技术的用户，MetaGPT提供了Docker安装选项。用户可以拉取MetaGPT的官方Docker镜像文件，并准备相应的配置文件，然后执行Docker。这种安装方式具有一定的便利性，尤其是对于已经熟悉Docker技术的用户来说，可以简化安装过程，使安装更轻松。

在完成初始配置后，用户需要将MetaGPT与OpenAI API密钥集成。用户可以在OpenAI仪表板中找到此密钥，并将其放置在配置文件中，或将其配置为环境变量。通过这种集成方式，MetaGPT可以与OpenAI API进行通信，从而实现更高效和更准确的代码生成。

总的来说，MetaGPT的安装和配置过程设计周到，为不同技术背景和需求的用户提供了灵活的选项。同时，通过与OpenAI API集成，MetaGPT为用户提供了一个强大的平台，可以利用OpenAI的先进技术来提高代码生成的效率和质量。

9.3.3 石头、剪刀、布游戏开发中的实例分析

在探讨MetaGPT的实用案例方面，有一个具体的案例，即开发一个基于命令行界面的石头、剪刀、布游戏。MetaGPT不仅成功地完成了这个任务，还生成了一个系统设计文档。这份文档包括UML图、API规格等内容，可以帮助用户深入理解项目的架构设计。这个案例展示了MetaGPT在实际项目中的应用，以及它在系统设计和文档生成方面的能力。

该案例凸显了MetaGPT如何将简单的项目需求转化为完整的项目解决方案。从需求分析、系统设计到代码生成和文档编写，MetaGPT都提

供了卓越的支持。它不仅能够根据需求生成代码，还能够提供系统设计文档，帮助用户理解和跟踪项目的进展。

此外，该案例也展示了 MetaGPT 在项目规划和管理方面的优势。通过自动生成的系统设计文档，开发者可以更好地理解项目的架构和依赖关系，从而做出更明智的决策。同时，UML 图和 API 规格的生成也大大地简化了项目的设计与开发过程，为开发者节省了宝贵的时间和资源。

总的来说，这个案例展现了 MetaGPT 的实际应用价值和在项目开发中的优势。它不仅可以帮助开发者快速生成代码，还能为项目的设计和管理提供有力的支持。

9.3.4 在软件开发市场中的竞争地位与竞争优势

在软件开发工具和平台的市场上，MetaGPT 与一些产品存在竞争关系。当将其与 ChatGPT、AutoGPT 和传统的 LangChain 框架等进行比较时，我们会发现 MetaGPT 在任务分解、代码生成和项目规划方面表现出色，这主要归功于它的多智能体架构和智能项目管理功能。

MetaGPT 的市场定位是为开发者和企业提供一个智能化的软件开发平台，使他们能够快速、高效地开发应用程序。它的目标用户包括独立开发者、小型和中型企业，以及对自动化代码生成和智能项目管理感兴趣的大型企业。

其竞争优势主要来自它的多智能体架构和高效的代码生成能力。与传统的代码生成工具相比，MetaGPT 提供了智能和灵活的解决方案，能够更好地理解和满足复杂项目的需求。同时，通过与 OpenAI API 集成，

MetaGPT 能够利用先进的 NLP 技术来进一步提高代码生成的准确性和效率。

尽管 MetaGPT 具有显著的优势，但市场上还有许多强大的软件开发工具和平台，它们也在不断地更新和优化，以提供更好的用户体验和更高的开发效率。在这种竞争激烈的市场环境下，MetaGPT 需要不断地更新和优化其功能，以保持竞争力，满足用户日益增加的需求。

总的来说，MetaGPT 在市场上占有一席之地，提供了一种新的、智能化的软件开发解决方案。通过不断地更新和优化，它有望成为未来软件开发领域的重要参与者。

9.3.5　未来展望

MetaGPT 是一种多智能体架构，展示了生成式 AI 和多智能体合作在软件开发中的潜力。随着技术发展和市场需求变化，MetaGPT 有广阔的发展前景。它可能会优化核心功能（如代码生成和项目管理），满足用户需求。随着开发者和企业认识到智能化软件开发的价值，MetaGPT 的用户群会扩大。

对开发者和企业而言，利用 MetaGPT 可以提高开发效率和质量，节省开发时间，降低项目风险。因此，寻求提高效率和质量的开发者与企业，尝试使用 MetaGPT 是明智的选择。

然而，在某些方面 MetaGPT 仍有限制和改进空间。例如，理解复杂项目需求、提供更准确和个性化的代码生成等。此外，随着竞争对手创新，MetaGPT 需要持续创新以保持竞争力。

在未来，软件开发会更智能、更高效。开发者和企业应该关注新技术工具，并提高自身技能以适应新趋势和新技术。MetaGPT 的多智能体架构和生成式 AI 技术为软件开发提供了新的可能性。MetaGPT 具有高效的代码生成、智能的项目管理及资源优化等核心功能，为开发者和企业提供了智能化解决方案。通过分析 MetaGPT 的核心功能、案例和竞争力，可以看到其在提高软件开发效率和质量上的巨大潜力。

总体而言，MetaGPT 展现了自主式智能体在软件开发领域的潜力和价值。

9.4 AutoGen：下一代 LLM 应用的启动器

9.4.1 AutoGen 的核心功能

在 LLM 迅速发展的时代，AutoGen 代表了重大创新。它不仅简化了 LLM 应用的开发流程，还为这些应用的自动化和优化提供了新的可能性。

AutoGen 是一个由微软研究院、宾夕法尼亚州立大学和华盛顿大学等开发的智能体框架，旨在支持和增强基于 LLM 的应用。关于 AutoGen 的详细信息可以在 Qingyun Wu 等人发表的论文“AutoGen: Enabling Next-Gen LLM Applications via Multi-Agent Conversation Framework”中找到。它的核心功能是实现工作流程的自动化，使开发者能够更容易地设计和实施复杂的、动态的工作流程。AutoGen 通过提供一个平台，使开发者能够自定义和管理各种自主式智能体，这些自主式智能体可以用于交流和执行任务。

在 AutoGen 中，自主式智能体可以是独立的，也可以是相互连接的，它们通过对话来共享信息、协调行动并解决问题。这种多智能体对话的方法有助于模拟更接近现实世界中团队协作的场景，使得自主式智能体能够更好地解决复杂问题。

总的来说，AutoGen 通过其创新的自主式智能体管理和交流机制，在 LLM 应用的开发中带来了前所未有的灵活性和效率。这不仅使得现有的 LLM 应用更强大和更实用，还为未来 LLM 应用的发展开辟了新的道路。通过对 AutoGen 核心功能的探索，我们可以预见到一个智能化和自动化的软件开发未来。

9.4.2　AutoGen 的技术架构

AutoGen 的技术架构是实现 LLM 应用自动化的关键。它结合了多种先进的 AI 技术和模型，支持开发者构建复杂且高效的多智能体对话系统。

其核心特点是允许开发者定义自主式智能体的能力和角色，并通过对话编程范式来编程自主式智能体间的交互行为，从而简化了复杂应用的开发。AutoGen 提供了统一的对话接口，自主式智能体通过它进行通信和信息交换，接收信息，做出反应并生成回应，这一设计使得对话流程自然、流畅。此外，框架中的自动回复机制是对话驱动控制的核心，自主式智能体在收到信息后会自动调用生成回复的函数，除非满足特定的终止条件，这种机制确保了对话的连续性和自然性，无须额外的控制平面介入。在这个多智能体系统中，自主式智能体之间可以进行互动，从而模拟复杂的对话和工作流程。例如，一个自主式智能体可能被设计为处理用户输入的问题，而另一个自主式智能体则负责执行相关的任务或提供信息。这种多智能体的互动使得 AutoGen 能够处理复杂的工作流程，同时保持高效率和灵活性。

AutoGen 中的自主式智能体不限于执行简单的任务，还可以集成 LLM 的能力、人类的智能，甚至其他工具的功能。这种集成使得每个自主式智能体都能够执行多种复杂的操作，如文本分析、数据处理，甚至自动化编程任务。此外，自主式智能体之间的协作进一步增强了整个系统的功能，使得 AutoGen 能够执行复杂和多样化的任务。

AutoGen 的技术架构还支持创新的应用开发。通过定义和管理自主式智能体，开发者可以创建新的 LLM 应用，这些应用能够自动化执行复杂任务，或提供创新的用户交互体验。例如，开发者可以使用 AutoGen 创建一个智能聊天机器人，这个机器人能够理解用户的问题并提供相关的信息或服务。这种创新的应用不仅提高了用户体验，还扩展了 LLM 技术的应用领域。

AutoGen 的技术架构和创新应用使其成为 LLM 应用开发的强大工具。通过这个框架，开发者可以更容易地创建和管理复杂的多智能体系统，同时提供丰富和创新的用户体验。随着 AI 技术不断进步，AutoGen 有望在未来的软件开发和 LLM 应用中发挥更大的作用。

9.4.3 AutoGen 的应用案例

AutoGen 允许开发者通过整合多个自主式智能体来构建一个增强版的 ChatGPT。例如，一个自主式智能体可以负责处理用户的查询请求，而另一个自主式智能体则专注于提供更详细的信息或执行相关任务。这种协作使得整个系统不仅能够回答问题，还能够执行更复杂的操作，如数据分析和报告生成。这种增强版的 ChatGPT 能够提供更丰富的用户体验，并扩展 ChatGPT 的应用范围。

AutoGen 特别适用于执行与编程相关的任务。通过定义专门的编程智能体，AutoGen 可以自动执行代码编写、调试和优化任务。这些自主式智能体可以分析代码，提出优化建议，甚至自动修复错误。对于开发者来说，这意味着编程更高效，能够快速完成项目并提高代码质量。

AutoGen 的灵活性和强大功能使其成为开发全新应用与插件的理想平台。开发者可以利用 AutoGen 的智能体系统来创建特定的应用，如自动化工作流程工具、智能数据分析应用，甚至与游戏和娱乐相关的软件。这些应用可以利用 LLM 的能力，提供创新的功能和服务，满足用户的特定需求。

AutoGen 的实际应用案例展示了其在多种场景中的实用性和创新性。通过自定义和管理自主式智能体，无论是执行复杂的编程任务，创造增强版的 ChatGPT，还是开发全新的应用和插件，AutoGen 都能提供有效的解决方案，推动技术发展和创新。

9.4.4　AutoGen 的核心优势

AutoGen 具有多种优势，在多种应用场景中表现出色。这些优势不仅体现在提高工作效率上，还包括增加创新性和解决问题的能力。

AutoGen 的优势之一是灵活性和多样性。它支持自动化聊天和多种通信模式，使得用户可以轻松地搭建和管理复杂、动态的工作流程。例如，AutoGen 可以支持群聊管理，允许多个自主式智能体之间进行有效的交流和协作。这种灵活性使得 AutoGen 可以被应用于各种场景，从简单的用户查询到复杂的项目管理。

AutoGen 的另一个优势是 AutoGen 可以促进多智能体合作，共同解决问题。通过定义特定的自主式智能体角色和行为，AutoGen 能够创建一个协作环境，其中的每个自主式智能体都可以贡献其独特的能力和知识。这种集体智慧的应用不仅提高了解决问题的效率，还增强了创新性，使得解决方案全面和更有效。

AutoGen 的智能体系统特别适合执行复杂和多维的任务。通过自定义自主式智能体的能力和行为，开发者可以创建专门的解决方案来应对特定的挑战。无论是数据分析、软件开发还是客户服务，AutoGen 都能提供有效的支持，提高任务执行的质量和效率。

总体而言，AutoGen 的优势在于其能够为 LLM 应用的开发提供强大的支持，包括灵活性、合作能力和解决复杂问题的能力。这些优势使得 AutoGen 成为一个有价值的工具，不仅能够提高现有应用的性能，还能够推动新应用的创新和发展。

9.4.5 未来展望

AutoGen 的发展和应用使得 LLM 应用的前景广阔，预示着这一领域未来的发展方向。随着技术不断进步，AutoGen 有潜力在未来的 LLM 应用中起更重要的作用。

AutoGen的灵活性和强大功能使其成为未来 LLM 应用发展的关键驱动力。随着 AI 技术发展，AutoGen 将进一步优化和扩展其功能，提供高效和智能化的解决方案。这将推动 LLM 应用创新，使其能够更好地适应不断变化的市场需求和技术挑战。

AutoGen 的发展还将开辟新应用领域。例如，它可以用于开发对话式游戏，如国际象棋游戏，其中自主式智能体可以模拟不同的对手和策略。这些新的应用不仅会提高用户体验，还可能创造全新的商业机会。

随着 AutoGen 在更多领域应用，未来的技术挑战也将随之增加。开发者需要不断地探索如何有效地集成和管理多个自主式智能体，同时确保系统的稳定性和可靠性。此外，随着应用的多样化，创新也将成为推动 AutoGen 发展的关键因素。开发者需要不断地创新，以满足新的需求和应对新的挑战。

AutoGen 的未来充满无限可能。随着技术不断发展，它有望在 LLM 应用中发挥更大的作用，推动整个行业创新和发展。无论是在现有应用的优化上，还是在开拓新的应用领域上，AutoGen 都将是一个关键的工具和平台。

9.5　ChatDev：重塑软件开发的 AI 群体智能协作框架

9.5.1　基本介绍

在快速演变的技术世界中，软件开发领域正经历着一场革命。传统的软件开发方法正逐步向更智能、更自动化的方式转变，其中 AI 发挥了重要的作用。在这个背景下，一个名为 ChatDev 的创新框架应运而生，不仅标志着软件开发领域的一个新时代，还预示着 AI 将重塑我们对软件生产和管理的理解。Chen Qian 等人在发表的论文“Communicative Agents for Software Development”中详细介绍了这个概念。

ChatDev 被描述为一个虚拟软件公司，如图 9-4 所示。其核心理念是通过自主式智能体在软件开发的各个阶段中扮演关键角色，从而让开发流程更高效。这种创新的方法将自主式智能体的参与融入软件开发的每个环节，从需求分析到代码编写，再到测试和维护，旨在提高整个开发过程的自动化水平和协作效率。这些自主式智能体不仅能够执行具体的编程任务，还能扮演各种关键角色，从首席执行官（CEO）到首席技术官（CTO），从程序员到测试员，它们共同构成了一个高效且自动化的虚拟开发团队。

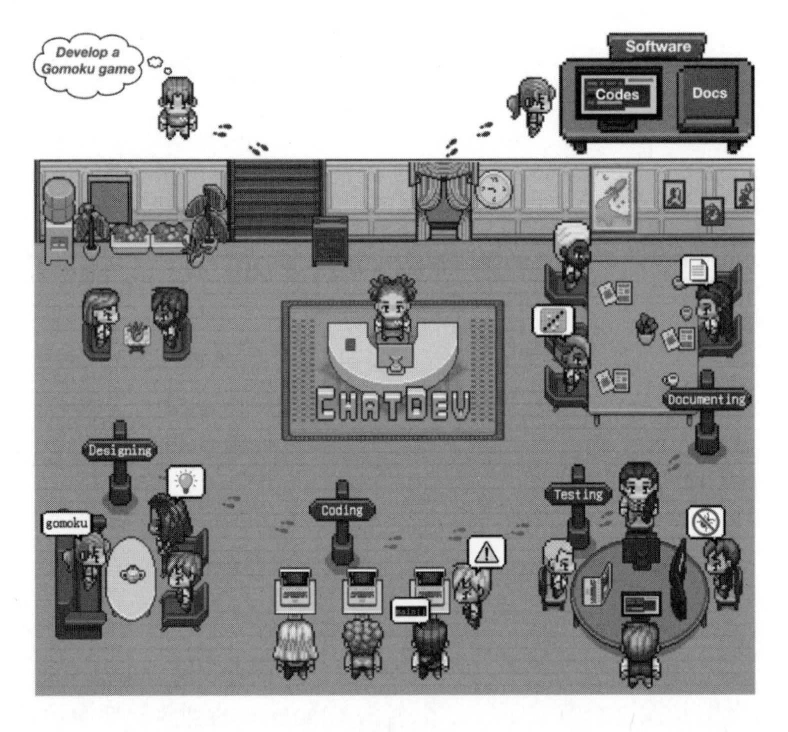

图 9-4

在软件开发领域，开发速度和效率至关重要。随着市场需求不断变化和技术迅速发展，能够快速适应并实现创新的公司更有可能在竞争中脱颖而出。ChatDev 的出现，正是基于这样的市场需求。它旨在通过自主式智能体的合作来加快软件开发的速度，提高软件开发的质量。借助 ChatDev，公司可以快速调整策略，更有效地响应市场变化，同时增加产品的创新性。

ChatDev 的出现代表了软件开发领域的一次重大创新。它不仅展示了 AI 技术在软件生产中的应用潜力，还为未来软件开发提供了一个让人激动的发展方向。随着 AI 技术不断进步，ChatDev 可能只是这个领域的诸多创新之一，标志着软件开发正步入一个全新的、智能化的时代。

ChatDev 的创新之处在于它将软件开发工作重塑为一个由自主式智能体组成的虚拟软件公司。这些自主式智能体不仅扮演传统软件开发团队中的角色，还运用先进的 AI 技术来协作和执行任务。下面将详细介绍 ChatDev 的开发框架及其运作方式。

ChatDev 由一组自主式智能体构成。这些自主式智能体通过模拟软件开发过程中的各种角色——从管理层到技术专家，再到执行层——来共同完成项目。每个自主式智能体都被编程以具有特定的职责，并能够根据项目需求和发展进行适当的调整。这种虚拟运营方式使得软件开发过程更灵活和响应迅速，同时降低了传统开发中的人力和时间成本。

在 ChatDev 中，每个自主式智能体都扮演着特定的角色。例如，首席执行官（CEO）智能体负责制定总体战略和目标，首席技术官（CTO）智能体负责技术决策和方向，程序员智能体执行编码任务，而测试人员智能体则专注于软件的测试和质量保证。这些智能体利用先进的 AI 算法来模拟人类在这些角色中的行为和决策。

ChatDev 的核心在于其自动化和协作能力。自主式智能体之间不仅独立工作，还能够彼此协作，共同解决复杂的问题。这种协作基于复杂的算法和数据分析，使得整个开发过程高效和精确。此外，自主式智能体之间的互动也模拟了真实团队工作中的沟通和协商过程，进一步提高了项目管理和执行的效率。ChatDev 的多智能体架构如图 9-5 所示。

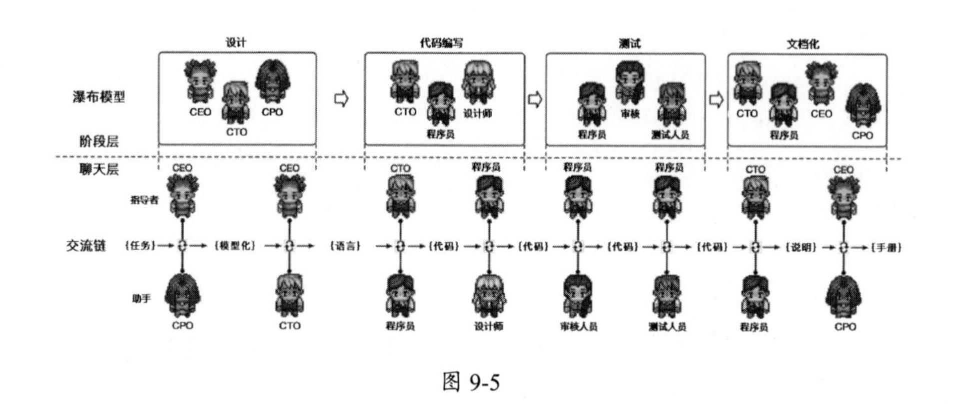

图 9-5

ChatDev 为软件开发带来了一种全新的视角。通过自主式智能体的高效协作和自动化执行，ChatDev 能够快速适应不断变化的技术和市场需求，为软件开发领域带来前所未有的灵活性和效率。

9.5.2 ChatDev 的技术架构

ChatDev 的技术架构建立在一系列先进的 AI 算法和模型之上，这些技术使得它能够在虚拟软件开发环境中高效运行。这种独特的运作方式和技术应用，为软件开发领域带来新的可能性。

ChatDev 的技术架构基于 AI 技术，包括 NLP、机器学习和数据分析。

这些技术使得自主式智能体能够理解复杂的编程语言和软件开发流程，同时根据项目需求进行学习和自我适应。通过这些技术，ChatDev 的自主式智能体能够执行从项目规划到代码编写、测试和部署的各种任务。

ChatDev 的创新之处在于它可以利用 AI 技术来模拟真实的软件开发团队进行软件开发。自主式智能体不仅能够独立完成任务，还能够基于复杂的算法和数据模型进行有效的团队协作。这种创新的应用使得 ChatDev 能够应对软件开发中的各种挑战，从而提高开发效率和质量。图 9-6 所示为 ChatDev 在软件开发过程中进行代码选择的决策过程。

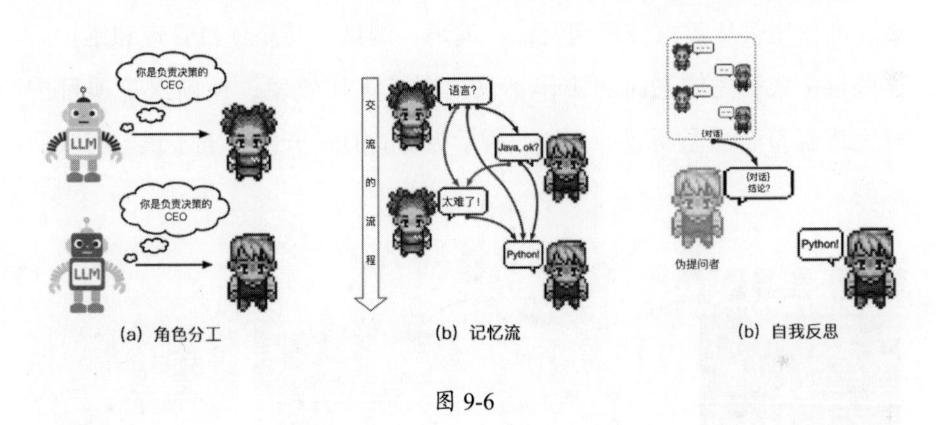

图 9-6

ChatDev 的出现标志着软件开发领域的重要转变。传统软件开发依赖于人类开发者的专业知识和经验，而 ChatDev 则通过自动化和智能化的方式重塑了这一过程。

ChatDev 的技术架构和创新应用展示了 AI 在软件开发领域的巨大潜力。通过这些先进的技术，ChatDev 不仅能够高效地完成传统软件开发流程，还能够创造新的工作模式和解决方案，为整个行业带来革新。

9.5.3 ChatDev 的实际应用

ChatDev 的出现不仅是理论上的创新，还在实际的软件开发过程中展现出了显著的应用价值。通过模拟真实软件开发团队的工作方式，ChatDev 能够有效地解决复杂的开发问题，加速项目进程，并提高最终产品的质量。

在实际应用中，ChatDev 及其自主式智能体在项目全程发挥了至关重要的作用，从需求分析到设计、编码、测试，乃至项目管理和维护。这些自主式智能体之间的协作不仅提高了工作效率，还确保了项目按时完成且符合质量标准。图 9-7 所示为 ChatDev 开发“五子棋”游戏的示例。

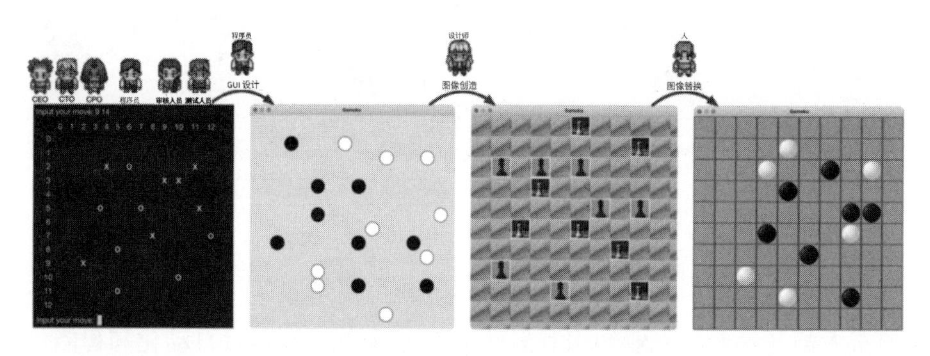

图 9-7

ChatDev 的应用跨越了传统软件开发的边界。它通过自动化和智能化的方法，使软件开发过程更高效和更灵活。ChatDev 能够迅速适应变化的市场需求，从而能够快速开发出创新的软件产品。此外，ChatDev 还能够减少因人力资源限制而导致的开发延迟，提高整个开发过程的透明度和可控性。

ChatDev 通过引入自主式智能体，不仅改变了软件开发的方式，还改变了开发团队的工作流程和结构。传统的团队分工和协作模式在 ChatDev 中得到了重构，使得项目管理更高效，同时减少了人为错误和沟通障碍。这种改变不仅提高了项目的执行效率，还为软件开发行业带来了新的工作模式和最佳实践。

ChatDev 在实际软件开发中的应用证明了其作为一个创新工具的价值。它不仅提高了软件开发的效率和质量，还为行业带来了新的思维方式和工作方法，预示着软件开发领域的未来发展方向。

9.5.4 ChatDev 的优势和挑战

ChatDev 的主要优势在于其能够大幅提高软件开发过程的自动化程度和效率。通过自主式智能体的协作，ChatDev 能够加速项目开发过程，减少因人力资源限制导致的延误。这种高度自动化的方法使得软件开发更灵活，能够快速适应市场和技术的变化。此外，自主式智能体在提供创新解决方案和决策支持方面也展现了巨大的潜力，这不仅提高了产品的创新性，还增强了企业的竞争力。

然而，ChatDev 的应用也面临一些挑战。技术限制是主要的挑战之一，尤其在处理非常复杂或非标准化的问题时。此外，随着 AI 在软件开发中发挥越来越重要的作用，确定责任和伦理标准也成为挑战。需要明确自主式智能体的决策过程，并确保其符合伦理和法律标准。同时，维持有效的人机协作也至关重要，找到人类开发者和自主式智能体之间最佳的协作模式是实现最佳开发效果的关键。

综合来看，ChatDev 在推动软件开发行业向自动化和智能化转型的过程中，既带来了巨大的机遇，也带来了一系列挑战。如何平衡这些优势和挑战，将是 ChatDev 未来发展的关键。

9.5.5 未来展望

随着像 ChatDev 这样的智能体协作框架在软件开发领域出现，我们见证了行业的一次重大转型。这种转型不仅预示着软件开发流程的自动化和智能化，还揭示了未来可能的趋势和变化。

ChatDev 的出现为软件开发行业带来了新的机遇，同时也指明了未来的发展方向。随着 AI 技术进一步发展和完善，我们可以期待软件开发将变得更自动化、智能化和高效。这不仅会改变传统的软件开发模式，还可能开启软件行业新的发展阶段。

9.6 Camel.AI：引领自主与交流智能体的未来

9.6.1 Camel.AI 的核心概念

LLM（如 ChatGPT）已经成为引领创新的前沿技术。这些模型不仅在人机交互中显示出惊人的能力，还在执行复杂任务时展示了其潜力。在此背景下，Camel.AI（CAMEL）应运而生。Guohao Li 等人在发表的论文“CAMEL: Communicative Agents for ‘Mind’ Exploration of Large Scale Language Model Society”中详细介绍了 Camel.AI。作为一个专注于智能体协作和交互的创新框架，它在 AI 领域占据了独特且重要的地位。

Camel.AI 的核心概念围绕着“Communicative Agents for ‘Mind’ Exploration of Large Scale Language Model Society”，即通过大规模语言模型社会的“心智”探索来实现自主式智能体间的沟通。这一框架旨在通过角色扮演机制增强自主式智能体的自主协作能力，从而有效地执行和管理复杂任务。这种独特的方法不仅有助于减少自主式智能体对话过程中的错误，还能确保任务完成过程与人类意图一致。

Camel.AI 的重要性在 2023 年得到了国际认可，其研究成果被顶级 AI 会议 NeurIPS 2023 录用。这一成就不仅标志着 Camel.AI 在理论和实践上的突破，还凸显了其在推动 AI 技术发展方面的潜力。Camel.AI 的出现不仅是智能体技术的一个重要里程碑，还代表了 AI 领域向更高级智能进化。

总之，Camel.AI 的提出和实施是 AI 领域的一个重要转折点。通过在自主式智能体间实现有效的协作和沟通，Camel.AI 不仅能够完成复杂的任务，还能够在提高任务执行效率的同时保证其与人类目标一致。这一框架的未来发展和应用无疑将对整个 AI 领域产生深远影响。

9.6.2　Camel.AI 的技术架构

Camel.AI 的技术架构是其独特功能和卓越表现的基础。这一架构的核心在于如何利用和整合现有的 LLM（尤其是 ChatGPT）来实现自主式智能体间的高效协作和沟通。其创新之处主要体现在以下几个方面。

1. 角色扮演

Camel.AI 引入了角色扮演的概念，使智能体能够在特定场景中扮演不同的角色。这种方法不仅增强了自主式智能体执行任务的能力，还使它们能够更好地理解和响应复杂的人类指令。

2. 利用 LLM

Camel.AI 深度整合了 LLM，特别是 OpenAI 的 ChatGPT。这些高级模型为自主式智能体提供了强大的 NLP 能力，使得它们能够更准确地理解复杂的语境和指令。同时，这些模型的强大计算能力也为自主式智能体执行复杂任务提供了必要的支持。

3. 模块化功能

Camel.AI 的一个显著特点是模块化设计。这种设计不仅包括了不同自主式智能体的实现，还涵盖了各种专业领域的提示词示例和 AI 数据探索框架。这种模块化方法使得 Camel.AI 能够被灵活地应用于各种不同的任务和场景，同时也为 AI 研究者和开发者提供了一个强大的平台，用于探索多智能体系统、合作 AI、博弈论模拟和社会分析等。

图 9-8 所示为 Camel.AI 中的角色扮演框架，人类用户需要先明确其目标或想法。例如，开发一个用于股票市场的交易机器人。为了实现这一目标，需要明确参与的角色：AI 助手智能体（以 Python 程序员身份参与）和 AI 用户智能体（以股票交易员身份参与）。

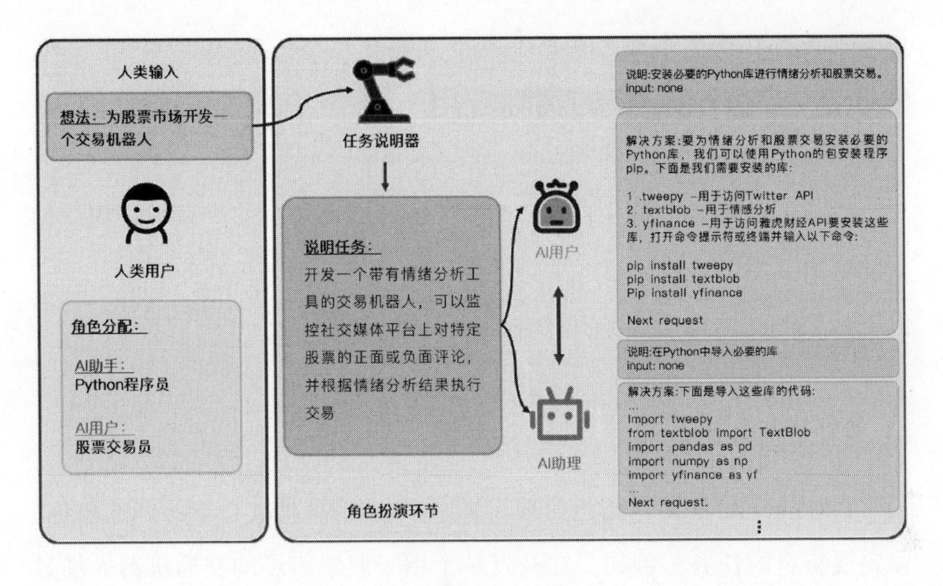

图 9-8

Camel.AI 首先通过任务说明器（Task Specifier）对初始目标进行详细规划，生成一系列实现步骤。随后，AI 助手智能体和 AI 用户智能体通过系统级的消息传递机制进行通信，各自完成指定的任务。

在某时间节点，根据历史对话消息集，AI 用户智能体会生成新的指令。随后，该指令连同历史对话消息集一同被发送给 AI 助手智能体，后者会给出相应的解决方案。这一流程持续进行，直至任务完成。

这些技术创新使得 Camel.AI 在智能体领域中独树一帜。通过这些先进的技术集成和应用，Camel.AI 不仅提高了自主式智能体间的协作效率，还大大地增强了它们完成复杂任务的能力。这种框架在 AI 领域的应用，无疑将推动智能体技术发展，为未来 AI 的进步奠定坚实的基础。

9.6.3 Camel.AI 的实际应用

Camel.AI 的实际应用广泛且多样，它不仅能够在多个领域中提供创新的解决方案，还能够通过独特的角色扮演机制高效地执行复杂任务。以下是 Camel.AI 在实际应用中的几个关键场景。

1. 协作角色扮演

在Camel.AI的协作角色扮演场景中，自主式智能体扮演不同的角色，以完成特定的任务。例如，在开发一个用于股票市场的交易机器人场景中，一个自主式智能体可能扮演 Python 程序员的角色，负责编写和调试代码，而另一个自主式智能体可能扮演股票交易员的角色，负责进行市场洞察，提供交易策略。通过这种方式，即使用户本身不具备相关的专业知识，也能够通过自主式智能体的协作完成复杂的任务。

2. 具身智能体

Camel.AI 中的具身智能体（Embodied Agent）不仅能够模拟某些操作，还能与现实世界进行交互或使用外部工具执行操作。这些自主式智能体具备与互联网或其他 API 交互的能力，可以浏览网页，阅读文档，创建图像、音频和视频内容，甚至执行代码命令。如图 9-9 所示，一个具身智能体可以使用 HuggingFace 平台提供的 Stable Diffusion 工具链生成特定的图像。这展示了 AI 技术在内容创作领域的应用潜力。

Generating Images with Embodied Agents

Input: Draw all the Camelidae species.

Output:
> Embodied Actions: I will generate images of all the Camelidae species. The Camelidae family includes the following species: Dromedary camel, Bactrian camel, Guanaco, Llama, Alpaca, and Vicuna. I will use the `hugging_face_tool_agent` to create images for each species and save them as separate files.

```
species_list = [
    "Dromedary camel",
    "Bactrian camel",
    "Guanaco",
    "Llama",
    "Alpaca",
    "Vicuna",
]

for species in species_list:
    image = hugging_face_tool_agent.run(f"Draw me a picture of a
    {species}")
    image.save(f"./{species}_image.png")
```

"Dromedary camel_image.png"

"Bactrian camel_image.png"

"Guanaco_image.png"

"Llama_image.png"

"Alpaca_image.png"

"Vicuna_image.png"

图 9-9

3. Critic 在环

Camel.AI 中的 Critic 在环（Critic-in-the-Loop）机制是一种创新的决策支持逻辑。它通过引入一个中间评价智能体（Critic），基于 AI 用户智能体和 AI 助手智能体提出的各种观点进行决策，从而完成最终任务。这种机制类似于蒙特卡洛树搜索（Monte Carlo Tree Search，MCTS）算法，可以结合人类偏好实现树搜索的决策逻辑，进而提高任务的解决效率和准确性。

这些应用场景展示了 Camel.AI 的多功能性和灵活性。无论是在专业领域的任务执行、创意内容的生成上，还是在决策支持系统的构建上，Camel.AI 都展现了独特的价值和潜力。通过这些实际应用，Camel.AI 不仅推动了智能体技术发展，还为多个领域的任务解决提供了新的视角和方法。

9.6.4 Camel.AI 的实验和性能评估

Camel.AI 的性能评估涵盖了多个方面，展示了其在不同任务和场景中的有效性。这些评估不仅验证了 Camel.AI 在理论上的创新，还证明了其在实际应用中的实用性和效率。

针对 AI Society 和 AI Code 数据集，Camel.AI 的表现被与传统的 GPT-3.5-turbo 模型进行了对比。在这些数据集上，Camel.AI 提供的解决方案在人类评估和 GPT-4 评估中均表现出色，优于单一模型提供的解决方案。这显示了 Camel.AI 在理解社会环境变化和编程逻辑方面的强大能力，特别是在理解和执行复杂任务时的高效性。

Camel.AI 还利用 GPT-4 对其生成的 ChatBot（聊天机器人）进行了评估。研究者在 Camel.AI 生成的四个数据集上对 LLaMA-7B 模型进行了逐步微调。通过向 LLM 中输入不同领域的知识，Camel.AI 展示了在处理社会互动、编程、数学和科学任务方面的强大能力。这种逐步微调的方法使得 Camel.AI 在完成每个领域的任务中都表现出色，提高了在知识发现和问题解决能力方面的效果。

在 HumanEval 数据集和 HumanEval 数据集+评估基准上，Camel.AI 展现了卓越的代码编写能力。与其他模型（如 LLaMA-7B 和 Vicuna-7B）相比，Camel.AI 在这些测试中的表现更突出。这些结果表明，使用 Camel.AI 生成的数据集可以显著增强 LLM 执行与编码相关的任务的能力。

综上所述，这些实验和性能评估结果不仅展示了 Camel.AI 在理论与实际应用中的有效性，还证明了其在自主式智能体领域的领先地位。通过这些评估，Camel.AI 证明了它作为一个高效、灵活且可靠的智能体协作框架的实用价值和潜力。

9.6.5　未来展望

Camel.AI 不仅在技术和应用上取得了显著成就，而且其开源社区的建立和发展也对 AI 领域产生了深远的影响。

Camel.AI 的开源社区是其成功的关键因素之一。该社区通过 GitHub 平台吸引了超过 3600 名星标用户，并吸引了来自全球不同背景的贡献者。该社区内不仅包含 Camel.AI 的各种自主式智能体、数据生成管道、数据分析工具和已生成的数据集，还提供了一个平台，供 AI 研究者和开发者交流想法，分享经验，并共同推动多智能体系统、合作 AI 等领域发展。

展望未来，Camel.AI 有望继续在 AI 领域发挥重要作用。随着 AI 技术不断进步和 Camel.AI 社区持续扩大，预计会有更多创新的应用出现。

Camel.AI 具备巨大的潜力，能有效地提高自主式智能体的协作效率，执行复杂任务，以及创新人机交互方式。此外，其在 AI 伦理、博弈论模拟和社会分析方面的应用前景也十分值得期待。

综上所述，Camel.AI 不仅在技术创新上取得了显著进步，而且其开源社区的建立和发展也为 AI 领域进一步发展奠定了坚实基础。未来，Camel.AI 有望继续推动智能体技术发展，为建立更智能、高效的 AI 社会贡献力量。

第 5 部分

智能体的
潜能与机遇

第 10 章　从智能体到具身智能

10.1　具身智能的定义与特点

10.1.1　智能体与具身智能的区别

智能体，就像我们的数字助手，能感知，能执行，通过与数字世界互动来实现特定的目标。智能体更像算法高手，善于处理数据，但对于与现实世界的互动，就有些手足无措。它的行为，要么依靠编好的规则，要么依靠从海量数据中学习。

具身智能不满足于扮演信息处理的关键角色，更致力于实现与现实世界的动态互动和深度学习。它向我们展示，智能不应局限于纯粹的抽象数字运算，而应是一种与现实世界密切相关的复杂交互过程。这种智能的核心特征在于其对现实环境的反应能力和学习能力，使其在现实世界的各种场景中具有灵活应变和不断进化的潜力。

具身智能是一个 AI 领域的概念，它强调智能体不仅通过算法和计算实现智能，还通过与现实环境的直接交互来展现和发展智能。这种观点认为，智能不仅体现在处理信息和解决问题的能力上，还体现在智能体对其周围环境的感知、理解和操作能力上。具身智能通常与机器人学和认知科学紧密相关，强调身体、感知和动作在智能行为中的重要性。

现在，让我们来一探智能体和具身智能的不同之处。

感知与交互：智能体的感知和交互很有规律，而具身智能喜欢与环境实时互动，它的感知和行为是在不断变化的环境中进行的。

形态与功能：在传统智能体理论中，形态和功能通常被看作两个独立的要素。然而，在具身智能领域，这两者是互相补充的。形态和功能共同决定了智能体的行为模式和学习能力，突出了它们在智能体设计中的整体性和互动能力的重要性。

学习与适应：传统智能体主要依赖于预设的编程知识或通过大规模数据进行学习，然而具身智能则更倾向于通过与环境的交互来进行学习并实现自我适应。具身智能在持续的实践过程中进行学习，并不仅仅依赖于预设的知识。

硬件与软件的深度融合：传统智能体将硬件和软件视为相对独立的组件，具身智能则强调硬件和软件紧密结合。具身智能认为，硬件和软件应该形成一种无缝的合作关系，通过共同协作，能够共同创造更高层次的智能。

通过比较智能体和具身智能，我们不仅能够更好地理解具身智能的独特性和价值，而且看到了一个全新的视角：智能是如何通过与环境的互动来发展和适应的。这种全新的理解，为我们未来设计和实现更智能的系统提供了宝贵的指导意见，也为我们打开了探索智能无限可能的大门。

10.1.2　具身智能的核心概念

具身智能是指在物理环境中通过其身体与周围环境互动来表现智能行为的智能系统或机器人。这一概念强调，智能不仅源于信息处理或算法，还包括通过身体感知环境并在其中实施行动的能力。具身智能的核心观点是，认知和智能行为是大脑、身体、环境相互作用的结果，体现了智能体通过物理互动来学习和适应环境的能力。简而言之，它认为智能行为不仅发生在大脑中，还通过身体与环境的动态互动来实现。

具身智能这一概念让人感受到一种巨大的科技魅力。与传统的 AI 理论相比，具身智能理论认为，除了大脑，身体与周围环境的交互也是智能的重要构成部分。具身智能理论让我们想起人类自身的特性，我们的智能不仅来源于大脑的思维过程，还深深根植于我们的身体及我们与外部世界的交互。

举个例子，研究者利用深度进化强化学习（Deep Evolutionary Reinforcement Learning，DERL）框架创造出不同形态的代理人，就像在玩一个高级版的搭积木游戏，让它们在复杂的环境中执行各种看似不可能完成的任务。每一个代理人的形态，都影响着它与环境的互动方式，也影响着它的智能表现。

在具身智能的世界里，与环境的交互就像一场寻宝游戏，它是获取信息和学习的主要途径。不像传统智能体靠"吃"大数据的老套路，具身智能喜欢实时、动态地与环境互动，从中学习和自我适应，就像探险家。

学习和自我适应是具身智能的标签。通过不断地与环境互动，它能够不断地进化，追求更好的性能和目标达成。

说到实现具身智能，就不能不提硬件和软件的配合。硬件和软件在具身智能的世界里是亲密无间的伙伴，它们共同协作，创造出更高层次的智能和适应性。

具身智能很注重自组织和自发性，就像拥有了生命力，能够自我组织和自我调整，适应环境的变化。

最后，具身智能还洞悉了认知和感知的紧密联系。通过将认知和感知紧密整合，具身智能能在复杂、动态的环境中做出明智的决策与行为，就像拥有了智者的洞察力。

通过理解具身智能的这些核心概念，我们能更好地把握它的精髓。

10.1.3 具身认知理论的重要性

在介绍了具身智能如何通过与环境交互来提升智能体的认识能力之后，我们再来介绍一下其理论基础——具身认知理论。具身认知理论，这个乍一听颇具学术气息的名词，实则蕴含着一个既生动又贴切的理念。这个理念主张，认知不仅是大脑的独有行为，还是大脑、身体与环境三者共同作用的结果。这并非一个抽象且孤立的过程，而是一个充满活力、与环境相互作用的动态场景。试想一下，通过与环境互动，我们不仅可以收集信息，形成知识，还能做出适应环境的明智决策，这是何等令人欣喜的事情！

这个理论为我们提供了一个新视角，让我们能够理解为什么不同生物的身体形态与它们的认知能力息息相关，为什么不同的动植物会展现出各自独特的认知和行为特征。它让我们更好地领略到大自然的多彩和复杂，就像打开了揭开自然奥秘的新窗户。

具身认知理论对机器人技术的发展也给出了重要的启示。它提醒我们，在设计智能系统时，不能只看重算法和数据，而应该重视智能实体与环境的交互。想象一下，通过应用这个理论，研究者可以设计出能更好地理解和适应环境的智能系统，就像给机器人装上了一双发现世界的眼睛！

具身认知理论的影响远远超出了其初始的领域范围。在教育领域，它促使我们重新考量知识的传授方法，突出了实际操作和亲身体验在学习过程中的重要作用。同样，在心理健康领域，这一理论也开辟了新的治疗途径，例如通过身体运动和与周围环境直接互动来改善心理健康问题。这不仅使得心理治疗方法更加多元和具体，还让治疗过程更加生动且贴近实际生活。

具身认知理论已经从理论探讨走向实际应用，成为一个重要的研究方向。通过深入理解这个理论，我们不仅能更好地理解智能的本质，还能为智能系统的设计和实现提供有益的指导。它的重要性不仅体现在对AI的启示上，还体现在对我们理解自然界和人类自身认知过程的贡献上。这是一个让我们能更好地理解自己、理解世界的有益途径，是不是非常吸引人呢？

10.2 感知和解析环境与自主决策

10.2.1 感知和解析环境的技术

具身智能集成了多种技术，这些技术帮助它感知和解析周围环境，为完成任务和做出决策提供支持。其关键技术之一是传感器技术。通过摄像头、雷达和触摸传感器等，它能够收集环境中的图像、声音、温度和压力等多维信息。这使得具身智能能够准确地感知环境的细微变化。

计算机视觉技术能够让它识别图像、视频中的对象和场景，理解环境的结构和动态变化。这种技术能够为具身智能提供详尽的视觉信息，从而让它在复杂环境中准确地识别和追踪目标。

深度学习作为具身智能的核心技术，能够从海量的数据中提取有价值的信息，并识别环境模式和变化规律。这种技术通过持续学习，提高了具身智能在感知和决策方面的能力，使其成为一个不断进步和自我优化的系统。

模拟和数字孪生技术为具身智能提供了一个安全的虚拟环境，使其能够在无风险的情况下自由探索和学习。这种技术使得具身智能可以在安全且成本较低的环境中进行实验和学习，积累宝贵的经验和知识。

多模态学习使得具身智能能够整合来自图像、音频、视频和文本等不同来源的数据，从而获得全面的感知能力。这种跨多个感官领域的信息整合，使得具身智能能够更有效地适应多样化的环境，并从多个角度理解和处理信息。

这些先进的感知技术为具身智能提供了在复杂、动态变化、不确定的环境中展现卓越的交互和决策能力的能力。它们不仅提高了具身智能的世界感知能力，还帮助它理解和适应环境，为实现更高水平的智能打下了基础。

10.2.2　从感知到行动的过程

具身智能展现出灵活多变的特性，它在与环境互动的过程中，将感知、决策和行动等环节紧密结合。这一过程展现了高效、流畅且自我适应的特点。

在感知环节，具身智能利用传感器和计算机视觉技术捕捉环境中的细节，这是其与环境的初次深入交互。通过处理和分析大量数据，它提取出有用信息，为后续的行动做准备。

在决策环节，具身智能需进行精准决策。它根据有用信息和目标，运用规划、优化和机器学习等技术，选择最佳的行动方案。

在行动环节，具身智能根据之前的决策执行具体的动作。在这个环节，它与环境的互动达到顶点。

具身智能通过环境反馈进行自我完善。它通过感知反馈信息评估动作的效果和决策的正确性，并据此调整动作。

从感知到行动的整个过程是动态的和迭代的。具身智能通过与环境持续互动进行学习和自我适应，优化其感知、决策和行动，展现出更高层次的技能。这一过程体现了具身智能的自我适应和高效交互能力。

10.2.3 自主决策的重要性

自主决策是具身智能的生命力所在，引导它在复杂多变的环境中找到实现目标的最佳路径。想象一下，具身智能就像一个勇敢的探险家，在面对未知和不确定的情况时，能够表现出高度的适应性和灵活性，征服一切困难，勇往直前。

在机器人领域，自主决策就是机器人的“大脑”。它能够让机器人在没有人为干预的情况下，自主地完成各种任务。无论是在忙碌的工业生产线上，还是在我们日常的生活中，自主决策的机器人都能够根据环境的变化和任务的需求，做出快速且准确的决策，大大地提高了任务的完成率和效率，成为我们可靠的助手。

自主决策的魅力还体现在它帮助具身智能在不确定的和动态变化的环境中保持高度的适应性。它就像具身智能的敏锐“感觉”，让具身智能能够快速响应环境的变化，在面对未知的情境时也能做出合理的决策。这种适应性让具身智能能够在多种复杂环境中表现出色，为实现真正的智能奠定了坚实的基础。

更令人兴奋的是，自主决策还能成为具身智能长期学习和发展的助推器。通过自主决策，具身智能能够从自身的经验中学习，不断地优化决策策略，提高决策的准确性和效率。这种基于经验的学习和优化，让具身智能像在不断“成长”，每一次决策和行动都让它变得更聪明。

总的来说，自主决策是具身智能的核心。它不仅赋予了具身智能独立和自主的能力，还为实现高效、自我适应和长期发展的智能系统提供了重要的支持。深入理解和研究自主决策的机制与方法，让我们能够推动具身智能进一步发展，为未来的设计和应用提供有益的参考。

10.2.4　交互式学习与决策优化

交互式学习和决策优化就像具身智能的“灵魂”和“思维”，帮助它在实时、动态变化和充满未知的环境中找到前进的方向。它们的合力，让具身智能能够从每次与环境的交互中学习、进步，不断地优化决策策略，提高交互效率和任务完成效率。

交互式学习是一种充满活力的学习过程，让具身智能能够通过与环境的“对话”，获取反馈信息，学习环境的特点和规律，优化自身的知识和策略。它让具身智能能够在实践中不断地学习和进步，提高它的感知、决策和行动能力，让它变得更聪明、更独立。

决策优化是一种“智者”的求真过程，帮助具身智能在资源、时间和效率等多种因素中找到最优的决策方案。通过运用规划、模拟、优化算法和机器学习等多种方法，决策优化为具身智能提供了在复杂条件下做出高质量决策的能力，让具身智能成为真正的“智者”。

将交互式学习与决策优化相结合，就像为具身智能注入了一种持续进化的力量。它能够通过交互式学习不断地获取新的知识和经验，同时通过决策优化不断地提高决策的质量和效率。这种持续进化的机制让具身智能在面对复杂、动态变化和未知的环境时，能够实现高效、准确和自我适应的交互，让具身智能变得更强大、更有生命力。

交互式学习与决策优化的力量不限于具身智能，它们也为其他类型的智能系统和机器人技术的发展提供了宝贵的参考。它们为实现高效、自我适应和长期进化的智能系统提供了重要的理论和方法支持，有助于推动具身智能领域进一步发展和创新。通过深入研究和应用交互式学习与决策优化，我们能够为智能系统的设计和实现提供有益的指导，推动具身智能技术持续进步，让未来的智能生活更美好和更精彩。

10.3 从软件到硬件的进化

10.3.1 软件的角色与硬件的配合

具身智能离不开软件和硬件的默契配合。想象一下，软件是具身智能的"大脑"，赋予了它思考和解决问题的能力；硬件就是它的"身体"，让它能够感知这个世界并与之互动。这对默契的"搭档"让具身智能能够走进现实世界，展现出灵活的感知、精准的决策和果断的行动。

软件在这个"搭档"关系中是策略高手，擅长算法设计和数据处理。通过软件，具身智能能够轻松地处理海量的感知数据，利用复杂的算法，做出实时的决策。它就像具身智能的"智慧之源"，让具身智能能够通过机器学习，洞察环境，优化决策策略。

硬件是这对"搭档"中的实干家，为具身智能提供感知和行动的"肌肉"。通过"眼睛"（传感器）和"手脚"（执行器），具身智能能够感知这个世界，采取行动，与环境愉快地交互。高性能的硬件设备为具身智能实现实时、高效交互提供了"超能力"。例如，通过高精度的传感器和高效的执行器，具身智能能够在复杂的环境中精准地感知和快速地行动。

软硬件的默契配合让具身智能在现实世界中如鱼得水，能够在复杂、不确定的环境中有高效、自我适应的交互表现。例如，在面对未知和动态变化的环境时，通过实时的数据处理和高效的硬件执行，具身智能能够快速、准确地做出决策，轻松地完成任务。

未来，随着计算技术和硬件设备不断改进，具身智能将展现出更复杂、更具适应性的功能。

10.3.2　硬件进化对软件的影响

硬件和软件在具身智能领域内形成了黄金组合，它们的紧密合作使得许多创新成为可能。随着计算能力提高和传感器技术进步，软件能够更加迅速和准确地处理数据，并进行即时决策。这种硬件与软件的协同作用为具身智能提供了更广阔的发展空间，赋予其更高的效能和灵活性。

首先，硬件的发展为软件领域带来了新的机遇。处理器性能显著提升，加上 GPU 和 TPU（Tensor Processing Unit，张量处理单元）等新型计算硬件的应用，加快了软件处理大量数据的速度，使得实时或近实时数据分析成为现实。这不仅加快了具身智能的反应速度，还为使用更复杂的算法和模型奠定了基础。

其次，传感器和执行器技术的飞跃发展也为软件的感知和决策提供了更丰富与更精确的数据支持。高分辨率的传感器和新型传感器的出现，让软件能够获得更精确、更丰富的环境数据，为感知和决策算法研究奠定了坚实的基础，也让实现更精细化的感知和控制成为可能。

再次，硬件进化可以激发软件创新。面对硬件能力提高，软件研发者能够设计与实现更复杂、更高效的算法和模型。例如，深度学习和强化学习这些先进算法，在硬件计算能力提高下，得以在更大规模的数据和更复杂的任务中展现威力。

最后，硬件进步也让软件能够实现更高效的运算优化，为具身智能的实时交互和高效决策提供了强有力的支持。

综上所述，硬件进化为软件发展提供了坚实的基础和强大的支持，也为具身智能进一步发展注入了强劲的动力。

10.3.3 具身智能在硬件设计中的应用

具身智能的理念和技术为硬件设计注入了新的灵感。想象一下，将具身智能的理念融入硬件设计，我们就能打造出更智慧、更能自我适应的硬件系统，以满足日益增加和多样化的应用需求。

首先，我们需要关注具身智能在感知和交互方面的理念。与传统重视性能和效率的硬件设计不同，具身智能更强调硬件的感知和交互能力。通过在硬件设计中融入传感器、执行器和通信模块，我们能够打造出既能感知环境，又能与用户互动并适应环境变化的智能硬件系统。这种设计思路使硬件不仅是执行命令的工具，还是智能交互的平台。

其次，具身智能的自我适应和学习能力也为硬件设计带来新思路。集成机器学习模块于硬件系统中，我们能让硬件拥有自我优化和实时学习的能力。比如，我们可以设计出能根据环境和使用情况自动调整性能参数、节能策略和安全策略的智能硬件系统。

具身智能的实时决策和控制算法也为硬件设计的实时控制与优化提供了宝贵的参考。应用具身智能的实时决策和控制算法于硬件设计，我们就能实现硬件的实时监控、故障预警和性能优化，不仅提高了硬件的可靠性和效率，还可以实现更复杂的硬件控制和优化。

最后，具身智能的多模态感知和交互也为硬件的多功能集成与用户交互提供了新视角。引入多模态感知和交互模块于硬件设计，我们能实现硬件的多功能集成和自然交互，提高了硬件的用户友好性和应用价值。

总的来说，具身智能为硬件设计的创新提供了可能。

10.3.4　软硬件协同发展的未来展望

随着技术迅速发展，软硬件协同已成为具身智能领域的关键驱动力，推动其不断发展。这种协同不仅为具身智能打造了一条实现强大和高效目标的途径，还为应对当前的技术和应用挑战找到了新的方法。展望未来，软硬件协同发展可能在以下几个方面起重要作用：

首先，在软硬件协同发展的过程中，实时交互和动态调整决策将成为关键领域。软硬件的密切合作将使具身智能在环境感知和交互上更敏捷，同时也为动态调整决策和实时控制提供强有力的支撑。

其次，多模态感知和交互将成为软硬件协同发展的热门领域。通过精心设计和优化，具身智能将能展现出更丰富、更自然的多模态感知和交互，为用户呈现出友好而自然的交互体验。

再次，持续学习和在线优化将成为软硬件协同发展的亮点。软硬件的精心设计将助力具身智能持续地实现在线学习和优化，不断地提升自身的性能和适应性，同时也为具身智能的长期发展和进化奠定坚实的基础。

最后，安全性和隐私保护将成为软硬件协同的关键焦点。随着具身智能的应用日益普及，其在安全性和隐私保护方面的重要性变得尤为显著。通过软硬件的协同设计与优化，我们可以为具身智能提供安全性和隐私保护，从而在保证高效交互与智能决策的同时，确保用户的安全和隐私得到充分保护。

总的来说，软硬件协同发展为具身智能的未来发展注入了强劲的动力。通过软硬件的紧密配合和协同优化，我们能够打造出更高效、更智能的具身智能系统，为未来的智能体技术和应用增添助力。同时，软硬件协同发展也为应对具身智能领域的技术和应用挑战打开了新的窗口，为推动具身智能领域的持续创新和进步提供了重要的支持。

10.4 具身机器人的应用场景

10.4.1 具身机器人在工业领域的应用

具身机器人作为具身智能领域的核心应用之一，在工业生产和自动化领域展现出卓越的性能。这些机器人凭借高度自主性、敏锐的感知能力和灵活的交互性，在多个工业应用场景中提供了高效的解决方案。它们正在推动工业生产向智能化和自动化的新阶段迈进，为整个行业的发展注入了新的活力。

在制造业中，具身机器人正展现其高效、精确且灵活的自动化生产能力。这些机器人能够实时感知周围环境并做出动态调整决策，能够轻松地应对复杂多变的生产条件。特别是在自动装配线上，具身机器人能够精确地组装部件并进行严格检查，显著提高了生产效率和产品质量。这种先进的技术应用不仅优化了生产流程，还掀开了制造业自动化和智能化的新篇章。

同时，具身机器人也为工厂的智能物流和仓储贡献了力量。它们的高效导航和定位技术让物料搬运与配送变得快捷、准确，例如在仓储系统中，它们能轻松地实现自动化的物料搬运和排序，为降低物流成本和错误率贡献了不少力量。

在维修和检测上，具身机器人依靠高精度的感知和灵活的交互能力，在复杂和高风险的环境中展现安全、准确的维修和检测技艺。例如，在设备维修和检测中，它们能进行高精度的故障诊断和快速的故障修复，有效地降低维修成本和风险。

此外，具身机器人还在工业环境的安全监控和紧急处理中扮演了重要角色。它们的实时环境监测和快速响应能力，使得工业环境的安全监控和紧急处理得以有效实施，提高了工厂的安全性，加快了响应速度。

综上所述，具身机器人为工业领域的智能化和自动化提供了强有力的支援。它们通过实时感知、动态调整决策和灵活交互，在各种工业场景中高效、准确和安全地完成任务，为推动工业领域的创新和进步贡献了重要的力量。

10.4.2　具身机器人在医疗领域的应用

在医疗领域，具身机器人的应用正在迅速扩展。这些机器人融合了尖端的感知、学习和交互技术，为医疗行业的核心环节提供了有力支持。它们不仅极大地提高了医疗服务质量，还提高了医疗流程的效率，同时也为解决一些复杂的医疗难题开辟了新的途径。

在手术室里，具身机器人变身为医生的得力助手，提供精准、稳定的手术辅助。比如，机器人辅助手术系统，能在医生的控制下完成高精度的切割和缝合操作，让医生做手术更轻松，同时将手术的精准度和安全性提升到新高度。

在康复治疗上，具身机器人正展示出其专业化的个性化康复训练能力。它们通过感知患者的康复状态，灵活地调整康复方案，努力提高康复效果。例如，它们能监测患者的运动数据，为患者提供定制的康复训练方案，助力患者更快地恢复。

在病人护理上，具身机器人已成为日常护理和监测的重要辅助工具，例如移动机器人能助力患者在病房内自如移动，监测机器人能实时监测患者的生命体征，为医护人员提供重要的健康数据。

在远程医疗服务上，具身机器人凭借其高效的通信和交互能力，为远距离的患者提供医疗关怀。这些机器人能够建立起远程医患之间的联系，确保患者即使在远离医疗中心的情况下，也能接受及时、有效的医疗服务和关注。例如，通过具有高清摄像和通信功能的具身机器人，医生能为患者提供远程诊断和治疗建议。

此外，具身机器人在药品配送、医疗设备清洁和消毒等日常医疗服务中也会大展身手，努力提高医疗服务的效率和质量。

总的来说，具身机器人通过精准的医疗操作、个性化的康复治疗、高效的病人护理和远程医疗服务，为提高医疗服务质量、降低医疗成本和推动医疗领域的创新贡献了重要的力量。

10.4.3 具身机器人在日常生活中的应用

具身机器人闯入了我们的日常生活，带着它们的自主性、交互能力和多功能性，为我们的生活带来了丰富多彩和便捷的体验。它们的日常应用场景多得让人眼花缭乱，下面就让我们一起来探索一下具身机器人在日常生活中的应用。

首先，看一看具身机器人如何成为我们的贴心家庭助手。它们能协助我们完成家务清洁、烹饪美食、购物及宝宝看护等日常任务。它们能洞察我们的需求和习惯，自主安排和执行任务，为家庭成员营造舒适、便捷的生活环境。

其次，在教育方面，具身机器人变身为教学助手，为学生提供个性化的学习和辅导服务。它们能感知学生的学习状态和需求，提供定制的教学内容和互动学习体验，助力学生提升学习效果和兴趣。

在娱乐和休闲方面，具身机器人为我们提供多彩的娱乐和社交体验。它们可以成为我们在虚拟现实游戏里的搭档，提供沉浸式的游戏体验，或者变身为社交机器人，为我们提供交友和社交的平台，丰富我们的社交生活。

在健康和运动方面，具身机器人成为我们的健康私教，提供个性化的健康管理和运动训练服务。它们能监测我们的健康状态，提供定制的健康建议和运动计划，助力我们保持健康和活力。

在安全和监控方面，具身机器人为我们提供实时的监控和安全保障。通过高效的感知和通信技术，它们能实时监控家庭和社区的安全状况，为我们提供及时的安全警报。

综上所述，具身机器人的日常应用为我们的生活带来了诸多便利和新体验。它们通过提供高效的家庭服务、个性化的学习和娱乐、实时的安全监控等，为提高我们的生活质量和创新生活方式贡献了力量。

10.4.4 具身机器人的发展趋势

具身机器人，作为具身智能的重要载体，正用它们独特的方式引领着智能体技术和应用的未来走向。随着技术飞速进步和应用场景不断拓展，具身机器人正展现出令人眼花缭乱的发展趋势，不断地提高智能水平和应用价值。接下来就让我们一探具身机器人的发展趋势！

首先，技术创新将成为具身机器人发展的大动力。随着机器学习、机器感知、机器交互等技术不断升华，具身机器人的智能水平和功能得到了极大提升。通过先进的感知和学习技术，具身机器人能实现精准的环境感知、智能决策和自然交互。

其次，应用拓展将成为具身机器人未来发展的重要方向。随着技术成熟和市场认可，具身机器人将被应用于更多领域，为解决各种实际问题、满足各种需求提供有效的解决方案。例如，它们可能会在工业、医疗、教育、安全等多个领域大展身手，推动这些领域创新和进步，为社会进步提供重要的支持。

再次，人机协作将成为具身机器人的重要特点。通过高效的人机协作，具身机器人能更好地服务于人类，实现人机的互补和协同。想象一下，通过人机协作，具身机器人为我们提供精准、高效的服务，同时也为我们营造更安全和更舒适的工作与生活环境，这会是多么美妙的画面！

最后，安全和伦理将成为具身机器人未来发展的重要关注点。随着具身机器人被广泛应用，安全和伦理问题日益凸显。为了确保具身机器人的安全应用和合理利用，我们需要在技术、法律、伦理等多个层面进行深入的探讨和研究。

总的来说，具身机器人的发展将是一个多维度、多层次、多领域的综合进程。

10.5　具身智能研究的挑战与机遇

10.5.1　当前的研究难点与挑战

具身机器人，作为未来智能生活的重要参与者，正在展现出无穷的可能。但在走向辉煌的道路上，它们也面临着以下挑战和难点。

1. 环境感知和理解

要在变化多端的现实世界中自如运动，具身机器人就必须具备高超的环境感知和理解能力。然而，现实世界的复杂性使环境感知成为一项挑战，如准确识别复杂场景中的对象和事件，以及记忆长期、广泛的环境信息。

2. 具有自主决策和控制能力

它们需要在不同的任务和环境中展现高度自主性，但如何快速、准确、稳定地做出决策，并优雅地处理不确定性和冲突，仍是研究的重点。

3. 人机交互和协作

如何实现自然、高效、友好的交互，使具身机器人与人类有效协作，以及处理人机交互中的安全和伦理问题，是具身机器人的重要挑战。

4. 长时程学习和适应

具身机器人需要持续学习和适应以提高性能，但如何实现长时程学习和优化，以及从多任务和多领域中学习与迁移知识，是研究的关键问题。

5. 安全和伦理问题

随着具身机器人应用的广泛化，确保其安全运行并解决相关的法律和伦理问题变得尤为重要。

总体而言，具身机器人的研究和应用面临众多挑战，需要在技术、应用、法律和伦理等多个层面进行深入研究。通过持续的努力和创新，我们可以逐步应对这些挑战，为具身机器人的发展提供支持。我们期待具身机器人为未来生活带来更多的精彩和可能性。

10.5.2 解决方案与研究方向

在具身机器人的研究和应用领域中，所面临的难点和挑战似乎无处不在，总是在关键时刻出现。然而，无须过于担忧，因为学术界和工业界的研究者已经提出了一系列创新的解决方案，准备应对这些挑战。现在，我们来详细了解他们提出的解决方案，探索这些高效方法在应对挑战方面的潜力。

首先，针对环境感知和理解的难题，未来将有可能开发出新的感知算法和框架，让具身机器人能够轻松地应对复杂环境。同时，利用多模态信息和知识图谱等技术，也许能让具身机器人在环境理解和推理方面更上一层楼。

其次，面对自主决策和控制的挑战，新的决策和优化算法的研发将成为热门方向，目标是让具身机器人在多任务和多目标面前不再手忙脚乱。强化学习和元学习等先进技术，可能会成为提升具身机器人决策智能和可调性的利器。

在人机交互和协作领域，创新的交互技术和协作框架正在推动更自然、更高效的人机协作。借助社会认知和情感计算等先进技术，我们期待具身机器人能表现出更具社会性和人性化的交互能力。

长时程学习和适应的问题同样至关重要。新型的长时程学习和迁移学习算法有望成为解锁具身机器人持续学习和适应能力的关键。这些算法能够助力具身机器人不断地吸收新知识，有效地适应不断变化的环境。

当然，安全和伦理问题也摆在了研究的台面上。探讨具身机器人的安全设计和伦理框架，以及制定相关的法律和标准，将是确保具身机器人安全运作和合理利用的重要步骤。

综上所述，具身机器人的未来研究将是一场多层次、多领域和多技术的综合探索之旅。通过技术创新和应用探索，我们有望逐步解决面临的难点和挑战，为推动具身机器人和具身智能的发展奠定坚实的基础。同时，深入探讨具身机器人的安全和伦理问题，也为我们构建一个更安全、更人性化的智能社会提供了重要的参考和借鉴。

10.5.3 具身智能对未来社会的影响

具身智能作为新兴的智能科技领域，正逐渐成为未来社会的重要组成部分，准备在各行各业大展宏图。接下来，让我们深入了解具身智能将如何为未来社会带来深刻的变革和发展。

首先，具身智能可以在社会的生产和服务领域贡献一份力量。具备自主性和交互性的具身机器人成为这个领域的得力助手，推动生产和服务质量的提高。想象一下，具身机器人在工厂和物流领域忙忙碌碌，生产效率和服务质量都得到了显著提高，是不是令人期待？

其次，具身智能可以为教育和医疗领域带来新的可能。通过个性化和交互式服务，它可以让教育和医疗领域焕发新的活力。例如，借助具身智能，个性化的教学和康复服务能够分别助力解决教育与医疗资源的不平衡问题。

再次，具身智能可以为社会的安全和环保管理贡献一份力量。具身智能可以通过实时的安全监控和环境监测为我们构建一个更安全、更绿色的社区。

最后，具身智能还在伦理和文化方面为社会提供了新的思考。随着其不断发展和应用，人们对智能体技术的伦理和文化影响将有更深入的理解与思考。对机器伦理、人机关系及智能社会的深入探讨，将引导我们迈向一个更加多元和精彩的智能未来。

总的来说，具身智能在未来的各个领域都会展现独特的价值。

10.5.4　具身智能的商业潜力与市场前景

具身智能正用它的自主性、交互性和适应性，为智能体技术的商业应用揭开新的篇章。它不仅催生了技术和产品的创新，而且为企业家和投资者展示了丰富多彩的商业天地。现在，让我们一起看一看具身智能的商业潜力和市场前景吧！

首先，具身智能代表着产品和服务创新的关键驱动力。它赋予机器人"眼"和"手"，让它们能够为我们提供更先进、更人性化的产品和服务。想象一下，具身机器人为你提供个性化的家庭服务、教育辅导和健康管理，每一项服务都贴心而独特，是不是感觉生活变得更美好了？

其次，具身智能是产业升级和转型的助推器。它能让传统产业穿上智能的"外套"，实现更高效、更智能的生产和服务。比如，具身智能助力工业自动化、物流优化和服务个性化，让产业升级和转型变得不再遥不可及。

再次，具身智能是企业和投资者探索新商业模式与投资机会的新航标。它打开了一个个未知的商业大门，让企业、投资者在创新和增长的道路上探寻新的商业模式与市场机会。例如，具身智能让企业找到新的市场定位、新的商业模式和新的合作机会，也为投资者展示了新的投资方向和回报潜力。

最后，具身智能是社会经济发展的坚实支柱。它能帮助我们实现资源的高效配置、发展的可持续性和福利的公平分配。

总而言之，具身智能的商业潜力和市场前景无可限量。它为企业和投资者打造了一个创新、升级和探索的舞台。同时，它也为构建一个更智能、更人性化的未来社会打下了坚实基础。

10.6 具身智能的核心与未来

10.6.1 重新审视智能体的重要性

智能体，在具身智能领域扮演着核心角色，其自主性、交互性和适应性正推动着智能体技术进入一个崭新的探索时代。它不仅对深入理解具身智能至关重要，还为设计这类系统提供了关键的指导意见。

首先，智能体的自主性是其核心特征之一。它能够独立完成任务，无须外界控制，这种自主性使其能够适应多种环境和任务，成为解决实际问题的有效工具。进一步探索和设计更具自主性的智能体，将为具身智能注入更多活力，并为技术发展贡献力量。

其次，智能体的交互性是其一大特点。它能与环境和用户进行深入交流，提供个性化服务，能理解和满足用户需求。深入研究和开发高度交互的智能体，能够显著提升具身智能的用户体验和应用价值。

再次，智能体的适应性是其重要能力。它能根据环境和任务的变化调整自身行为策略，保持高效运行。这使得智能体在多变的现实世界中依然有效。研究和开发具有高适应性的智能体，能提升具身智能在复杂环境中的应对能力。

最后，探讨智能体还有助于我们深入思考智能体技术的伦理和社会影响。通过理解智能体的特性，我们可以为智能体技术的健康发展提供指导。

总的来说，重视并重新审视智能体的重要性对于推动具身智能的研究和应用来说是至关重要的。通过对智能体自主性、交互性和适应性的深入研究，我们不仅能够为具身智能的发展打下坚实的基础，还将开辟出智能体技术和应用的新天地，展现一个充满潜力和令人兴奋的未来前景。这种深入的探索和理解将成为引领智能体技术发展的关键驱动力。

10.6.2　对研究者和实践者的建议

首先，保持对新技术和新方法的好奇，是站在具身智能研究前沿的关键。在 AI 领域飞速发展的今天，不断涌现的新技术和新方法为具身智能的发展带来了前所未有的机遇。因此，持续学习和不断探索对于推动具身智能进步至关重要。这种积极的态度和方法将有助于我们在具身智能领域取得更多重要成就，并为未来的研究与应用做出贡献。

其次，跨学科和跨领域合作至关重要。具身智能涉及计算机科学、机械工程、电子工程及认知科学等多个学科范畴。跨学科和跨领域合作可以得到更广泛的知识与经验，为具身智能的研究和应用提供全面的视角。

再次，关注具身智能的实际应用和商业价值十分重要。将具身智能应用于解决实际问题，可以检验和优化技术与方案，发现新的问题和机会，为未来的研究和应用提供重要的参考。

总之，对于具身智能领域的研究者和实践者来说，保持开放和学习的态度、注重合作和应用，同时关注伦理和社会影响至关重要。

第 11 章　智能体与未来的关系

11.1　重塑 Web3.0 格局的可能性

11.1.1　Web3.0 的定义与特点

Web3.0 旨在打造一个去中心化、用户主导的网络乐园，让用户获得更自由、更透明、更安全的在线体验。与 Web1.0 和 Web2.0 相比，Web3.0 有以下特点。

（1）去中心化。它让网络结构摆脱了中心化的枷锁，减少了单点故障和中心化控制的风险。想象一下，在这样的网络中，我们可以直接交流信息，不再需要中间的“传话人”。这不仅让网络更安全、更可靠，还赋予了我们更多的自主权和控制力。

（2）用户至上。它让我们成为数据的真正主人，保护我们的数字身份。这种以用户为中心的设计，不仅保护了我们的隐私和数据安全，还提供了丰富的个性化服务选择。

（3）开放和透明。说到 Web3.0，怎能不提智能合约？智能合约就像网络世界的“自动执行者”，让特定的任务和协议能够自动化运行，简化了交易过程，提高了效率和透明度。有了智能合约，我们就可以打造出可信赖、自动化、透明的交易和服务。

Web3.0 推崇开放的协议和透明的交易，让每个参与者都能看到网络操作的一切。这种透明、开放的模式，不仅提高了我们的信任度，还方便了网络监管和审计。

（4）数据交换和共享。它提供了高效的数据交换和共享机制，让我们能轻松地访问和利用网络资源与信息，享受丰富、便捷的在线体验。

（5）多维度的交互体验。通过引入虚拟现实（Virtual Reality，VR）和增强现实（Augmented Reality，AR）等新技术，Web3.0 让网络交互更丰富多彩、更直观、更自然。

综上所述，Web3.0 不仅提供了一个去中心化、用户主导的网络环境，通过智能合约、去中心化应用（DApp）和去中心化自治组织（Decentralized Autonomous Organization，DAO）等创新技术，还为网络和应用的发展奠定了坚实的基础。

11.1.2　智能体在 Web3.0 中的角色

智能体正准备在 Web3.0 这一新兴网络空间展现其能力。Web3.0 的目标是搭建一个去中心化、用户主导的网络环境，而智能体的自主决策和敏锐感知能力，正是实现这个目标的得力助手。

首先，智能体可以快速、准确地分析大量数据，并做出明智的决策。在 Web3.0 世界里，数据就是无价之宝。智能体就像我们的数据向导，帮助我们洞察数据的奥秘，从而做出更聪明、更有效的决策。比如，它能够运用机器学习，从庞大的交易数据中揭示风险和机会，为我们提供珍贵的投资建议。

其次，智能体还是“自动执行”的高手。它能够毫不费力地完成许多烦琐和重复的任务。在 Web3.0 的环境中，它具有很高的效率。有了它，我们可以将精力聚焦在核心业务和创新项目上，不再为日常管理和维护所困扰。举个例子，智能体能够自动化地完成一些基本的 IT 操作，如事件关联、异常检测和因果关系识别等，让我们的工作轻松许多。

还有什么？在 Web3.0 中，智能体为我们展现了一个更智能、个性化的交互世界。通过智能体，我们能够与数字世界亲密接触，轻松地获取所需的信息和服务。例如，它能够通过 NLP 技术，理解我们的需求和意图，为我们提供准确、及时的回应。

不止于此，智能体还是技术应用的推动者。它与区块链、大数据、5G 等新技术通力合作，为 Web3.0 世界提供更多可能。例如，借助区块链技术，智能体能够创建一个更安全、更透明的数据交换和合作平台，为 Web3.0 的应用提供强有力的支持。

总的来说，智能体在 Web3.0 世界的角色可谓丰富多彩。随着技术进步，它将在 Web3.0 世界的构建和发展中扮演越来越重要的角色，为我们提供更多价值和可能性。通过深入挖掘、研究智能体的潜力和应用，我们能够更好地理解和利用 Web3.0 的优势，推动数字世界持续创新和发展，让未来充满无限可能！

11.1.3　智能体在 Web3.0 中的应用案例

Web3.0 汇聚了众多令人兴奋的应用和服务，还融入了智能体的先进技术。这些智能体在提供一个开放、透明且用户友好的数字环境方面起到了关键作用，使我们能享受到全新的在线体验。下面的案例将揭示 Web3.0 的实际应用、潜在价值，以及智能体如何在其中发挥作用。

作为 Web3.0 的关键参与者之一，去中心化金融（DeFi）通过区块链技术和智能合约提供了一个无须中介、用户完全自主控制的金融服务平台。此外，智能体在 DeFi 平台中扮演着重要角色，通过自动化交易策略、风险管理和市场分析，为用户提供高效和安全的金融服务。这种新型的去中心化金融模式降低了交易成本和风险，同时增加了选择和机会。

元宇宙——一个引人入胜的虚拟世界——作为 Web3.0 的核心领域之一，构建了一个开放、互动且以用户为主导的虚拟世界，提供了全新的网络体验。智能体在元宇宙里扮演了个性化引导和服务的角色，帮助用户在虚拟世界中更好地交流和体验。用户可以通过智能体更高效地创造和定制个人虚拟身份，参与虚拟社区的建设和管理，探索和交换虚拟资源。

在非同质化通证（NFT）和数字艺术交易方面，NFT 为艺术家和创作者提供了一个创新的平台，允许他们创造和交易独特的数字资产与艺术作品。在这个过程中，智能体作为评估和验证工具，增加了数字艺术的价值和独特性，同时为艺术家和买家提供了安全与透明的交易环境。

这些应用案例生动地展示了 Web3.0 的实际应用和潜力。通过深入探讨这些案例，我们可以看到 Web3.0 为网络社会和经济活动提供了新的发展方向与机遇。同时，这些案例为我们理解和评估 Web3.0 的实际影响和未来发展提供了宝贵的经验。

11.2 智能体在元宇宙里的应用

11.2.1 元宇宙的定义与发展

元宇宙，这个充满未来感的词汇，起源于 20 世纪 90 年代，但近年来随着虚拟现实、增强现实、区块链等技术飞速发展，成了公众和科技界的焦点。元宇宙被描绘成一个虚拟的、永恒的、共享的，由计算机生成的奇异空间，它能通过虚拟现实或增强现实技术与我们的现实世界相互关联。

在这个虚拟世界中，我们可以通过虚拟身份与其他探险者交互，参与虚拟经济活动，甚至可以创造和定制自己的虚拟星球。这种全新的在线交互模式为我们提供了前所未有的自由和创新空间。

随着时间的推移，元宇宙这个概念在不断演变。最初，我们可能更关注它的技术层面，探讨如何构建一个真实感十足、交互性强的虚拟环境。随着元宇宙商业模式的发展，我们开始更多地关注它的社会和经济价值。

近年来，许多科技巨头和创业团队都积极地在这个领域中布局，推动它的技术发展和应用。比如，Facebook 宣布将公司名称升级为 Meta，展现了打造元宇宙的决心。同时，许多其他的公司和组织也尝试通过区块链和 NFT 技术，为元宇宙的壮大提供技术和资本。

当然，探索元宇宙之路并非一帆风顺，面临着许多挑战，如技术瓶颈、隐私保护、安全防护和道德考量等。要想解决这些问题就需要科研人员、政府和社会各方通力合作，以确保元宇宙能够健康、可持续发展，为人类的未来提供真正的价值。

元宇宙的定义和发展不仅展现了技术的进步，还显示了人们对未来生活和社会的期待与探索。通过深入理解元宇宙的概念和发展，我们可以更好地把握未来的发展趋势，为智能体的应用提供有益的参考与启示。

11.2.2　元宇宙里的智能体应用

元宇宙，这个神奇而广阔的虚拟世界，为智能体提供了展示其能力的绝佳平台。

首先，智能体可以在元宇宙里成为用户的虚拟代言人，帮助用户与虚拟世界里的其他探险者交流。比如，它能代表用户参与虚拟社区的活动，与其他用户聊天和合作，或在虚拟市场中挑选宝贝和投资。通过智能体，用户可以轻松地参加元宇宙里丰富多彩的活动，享受虚拟世界的精彩体验。

其次，智能体在元宇宙里也可以成为让人信赖的服务提供者，为用户提供多种服务和帮助。例如，它可以变身为虚拟导游，带领用户参观元宇宙里的美丽景点，参加精彩活动。同时，它也能作为虚拟助手，为用户提供信息查询、交易支持和问题解答等服务。通过智能体的协助，用户能更轻松地获取所需的信息和帮助，享受高效、个性化的服务体验。

除此之外，借助 AI 技术，智能体在元宇宙里还能为虚拟经济和社区的发展贡献力量。比如，它可以通过数据分析和预测，为虚拟市场的运营和管理提供建议。同时，通过自主学习和交互，它能不断地提高自身的能力和服务质量，为元宇宙的创新和发展提供强大支持。

总的来说，智能体在元宇宙里的应用不仅能为用户带来丰富、个性化的虚拟体验，还能为虚拟世界的发展和创新注入强劲动力。通过智能体的多角度应用，元宇宙有望变成一个更智能、更具生态活力的虚拟世界。

11.2.3 智能体在元宇宙里的应用案例

元宇宙，这个曾经只存在于科幻小说中的概念，现在已经脱离纸墨，活跃在我们的现实世界中。智能体作为这一新兴领域的重要组成部分，正在深刻地影响元宇宙的发展和应用。许多创新的公司和组织已经搭上了元宇宙的快车，并利用智能体技术，为用户展现了一个全新的、令人眼花缭乱的虚拟世界。让我们通过几个鲜活的应用案例，揭开元宇宙神秘的面纱，探寻它给我们的日常生活带来的无穷可能。

1. 元宇宙电商

元宇宙为虚拟商品的创造和交易搭建了平台。在这里，智能体扮演着重要的角色，协助用户在复杂的虚拟市场中挖掘和评估潜在的购买机会。借助区块链技术和 NFT，用户可以在元宇宙的热闹市集中买卖或交换各种珍稀的虚拟商品。智能体的加入不仅增加了交易的透明度和效率，还为艺术家和收藏家创造了无限可能，让他们的梦想在虚拟世界中实现。

2. 元宇宙社交

元宇宙为社交和学习提供了一个全新的空间。智能体在这里充当交互协调者和个性化推荐者，帮助用户找到与自己兴趣相匹配的社区和活动。想象一下，在一个虚拟音乐会中尽情摇摆，或在虚拟讲座中与全球的“知友”共同探讨，这些以前难以想象的体验现在都变得触手可及，这可能要归功于智能体的协助。

3. 元宇宙游戏

元宇宙为探险和冒险提供了一个无边无际的游乐场。在这个环境中，智能体作为游戏指导者和互动伙伴，为用户提供了更加丰富和沉浸式的游戏体验。无论是想要寻找虚拟宝藏，还是在虚拟环境中探险，元宇宙都能满足你的好奇心，这可能也要归功于智能体提供的引导和支持。

以上的应用案例仅仅是元宇宙提供的无尽可能性的冰山一角。随着技术飞速进步和用户需求多样化，元宇宙的应用场景将会继续扩展，为用户带来更多个性化和多样化的服务体验。同时，元宇宙的发展也为智能体的应用打开了新的大门。通过研究元宇宙的应用案例，我们能更好地洞悉智能体在元宇宙里的应用潜力，为未来的研究和发展提供宝贵的参考和灵感。

第6部分

展望：安全、发展、边界和挑战

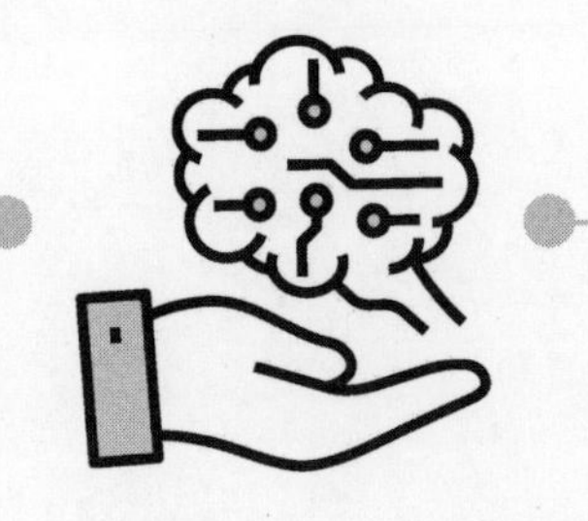

第 12 章　数据治理与社会伦理

12.1　数据隐私保护与数据安全问题

12.1.1　数据收集与处理的风险

在这个数字技术迅猛发展的时代，数据已成为现代社会的重要资源，为智能体的运行提供了动力。智能体能够精准地收集和处理数据，辅助我们在多种应用场景中做出明智的决策。然而，随着数据应用范围不断扩大，数据收集和处理所带来的风险也日益显现，特别是在数据隐私保护和数据安全方面。

智能体改变了我们访问和利用数据的方式，但同时也带来了一些挑战。比如，它们可能会接触到我们的健康数据、位置数据及消费数据等敏感数据。如果缺乏数据隐私保护，就可能引发数据泄露或未经授权的数据使用风险。

数据泄露和未经授权的数据使用是主要的隐私风险。一旦数据泄露，不仅可能泄露个人隐私，还可能导致经济损失和法律风险。同时，未经授权的数据使用也可能侵犯个人的隐私权和数据权。

智能体在处理数据时，可能会因算法或数据偏见而产生歧视或不公正。假如训练数据中潜藏着性别或种族偏见，智能体的决策就可能显露出这些偏见，为某些群体带来不公平的待遇。

面对智能体在数据收集和处理过程中的多重风险，我们需要从法律、政策和技术等多维度出发，筑起数据隐私保护和数据安全的防护墙，避免出现因算法或数据偏见引发的歧视或不公平。通过深刻理解和研究这些风险，我们能更明智地应对智能体带来的挑战，推动智能体技术走向健康、可持续发展的未来。

12.1.2 数据治理的重要性

在数字化时代，数据如同“石油”，其广泛应用正驱动着社会经济迅猛发展，数据治理也越来越重要性。好的数据治理不仅确保了数据的健康和安全，还助力数据合规使用和价值挖掘。

数据治理包括数据的收集、保存、处理、分析和分享等众多环节。有效的数据治理体系就像数据的保险箱，确保数据准确、一致和可信，为组织的决策和业务运营提供坚实的基础。

质量是至关重要的，而数据治理是数据质量的守护者。通过标准化的数据收集和处理流程，我们可以避免出现数据错误和不一致的问题，从而提高数据的准确度和可靠性。此外，数据治理提供了一个数据清洗和优化的工具箱，有助于我们及时地发现并修复数据中的小瑕疵。

数据治理是数据安全的护城河。通过严格控制对数据的访问和使用，我们可以避免数据泄露和滥用的风险，保护个人和组织的隐私与权益。

数据治理助力数据有效利用。通过对数据分类、标准化和集成，我们可以更好地理解和利用数据，为业务的发展和创新提供助力。比如，通过数据治理，我们可以挖掘数据的价值，为市场分析和客户关系管理提供明智的见解。

数据治理不只是技术和流程，更是一种组织文化和价值观的传递。它帮助组织打造数据驱动的决策文化，提高组织的数据素养和竞争力。同时，它也为智能体和具身智能的应用奠定了坚实的基础，推动组织的数字化转型和创新发展。

通过数据治理，我们不仅能够充分利用数据带来的红利，还能为智能体和具身智能的应用营造一个优质的环境。这有助于组织实现数据管理的智能化和自动化，从而推动其数字化转型和创新发展。

12.2　自主决策与人类的伦理界限

12.2.1　自主决策的伦理考量

在 AI 系统的演进中，其智能表现越来越出色，自主决策能力越来越强。然而，这种决策力量也带来了伦理问题，特别是在一些敏感而重要的领域，比如医疗、交通和法律。在这些领域里，智能体的决策可能不仅影响个人，还牵动整个社会和公众的利益。

在智能体决策的过程中，伦理设计、法律遵守和风险管理成为关键要素。通过制定明确的伦理框架和法律规范，我们可以确保智能体的行为符合法律要求，同时有效地降低相关风险。例如，制定清晰的数据收集和处理规则，建立透明且可解释的决策流程，有助于我们更深入地理解和控制智能体的决策过程。

随着 AI 发展的步伐加快，智能体越来越多地发现自己站在道德决策的十字路口。在一些情况下，智能体可能需要在不同的价值和利益之间做出选择，这抛出了关于伦理界限的重要问题。比如，自动驾驶汽车在决策时，如何在保护行人安全与保护乘客安全之间找到平衡点，成了一个令人深入思考的伦理难题。

在进行自主决策的伦理考量时，我们不仅要将它视为一次理论探讨，还要意识到它对智能体的设计与应用有直接影响。通过深入探讨这些伦理问题，我们可以更好地理解智能体的自主决策能力，以及如何在保护公众利益与推动技术创新之间找到平衡点。这种探讨也为未来的研究提供了宝贵的参考，助推智能体技术健康发展。

在探索 AI 技术的道路上，伦理与法律的双重考量成了我们不能忽视的重要一环。它不仅涉及技术的进步，还关系到社会的健康发展和公众的利益。

12.2.2 伦理原则与自主 AI 的选择

在我们深入探索具身智能和智能体的未来应用时，伦理原则与自主

AI 的选择犹如路标，指引着我们前行的方向。所谓自主 AI，是指那些能够在极小或无须人类直接干预的情况下做出决策和执行任务的高级 AI 系统。这些系统不仅能够灵敏地响应环境变化，还具备学习、自我适应的能力，以应对不断出现的新挑战和情形。随着技术力量日益增强，智能体在决策能力和自主性方面得到显著提高，这同样激发了人们对伦理和道德问题的广泛关注与深入思考。

伦理原则在智能体的设计和应用中起着重要的作用。它就像智能体的心灵指南，帮助它们在数字世界中做出符合人类价值观和社会规范的决策。比如，公平、透明和责任是智能体设计中常被讨论的伦理主题。它们不仅指导智能体做出决策，还帮助我们理解和评估智能体的表现与结果。

自主 AI 是智能体的核心特征，赋予了智能体在特定的场景和条件下做出独立决策的能力。然而，随着这种自主性提高，也可能带来未预料的风险和挑战。例如，过度的自主性可能让智能体做出违背人类意愿或伦理原则的决策。因此，在设计和应用智能体时，寻找保证自主性和遵守伦理原则之间的平衡变得尤为重要。

公众和社会的参与是确保伦理原则有效遵守的重要力量。通过开放和多方参与讨论，我们能更好地理解与解决伦理和道德上的问题，为智能体的设计和应用提供全面与深刻的指导。例如，通过公开的讨论和咨询，我们可以了解不同群体和社区对智能体伦理原则的看法与需求，从而做出更明智和更公正的决策。

12.2.3　决策边界的确定和调整

决策边界的确定和调整指引智能体与具身智能朝着正确的方向发

展。这些边界定义了智能体自主决策的范围，同时也指明何时需要人类参与共同做出决策。调整这些决策边界，有助于智能体在遵守人类伦理原则的前提下，更加精准地做出决策。

首先，我们需要制定清晰的决策规则和标准，为智能体提供明确的指导。这有助于减少智能体做出错误决策的风险，确保其决策符合预期。

其次，制定有效的监控和评估机制至关重要，可以确保智能体的决策符合既定的标准。通过持续的观察和评估，我们能够及时发现并纠正错误，同时根据实际表现调整决策边界，提高智能体的决策质量和可信度。

最后，人类的参与和反馈对于确保智能体正确决策至关重要。人机交互和协作能够加深我们对智能体决策的理解，并提供有价值的反馈意见。在处理复杂或不确定的问题时，人类的指导和支持对智能体至关重要。

调整决策边界不仅提高了智能体的决策质量，还为人机协作提供了更多可能性。

第 13 章　技术边界与未来无限

13.1　当前技术的局限性

13.1.1　数据访问和数据质量问题

在智能体与具身智能的发展过程中，数据访问和数据质量直接决定了智能体做出准确决策的能力。然而，在实际应用中，获取高质量数据往往充满挑战，需要我们运用先进技术和智慧。

首先，我们面临的挑战之一是数据收集和处理。为了培养出具有洞察力的智能体，我们需要大量的、有代表性的和多样性的数据。但这些数据往往分散在不同的系统和平台中，我们需要通过数据集成和清洗工作将其整合。在此过程中，我们还可能面临数据隐私保护和数据安全的问题，这些问题增加了获取和处理数据的难度。

其次，数据的质量是决定智能体能否准确决策的关键。如果数据中存在错误、噪声或偏见，智能体的决策可能会产生错误和偏差。例如，如果训练数据中存在性别或种族偏见，智能体的决策也会反映出这些偏见。因此，确保数据质量的纯净是至关重要的。

总而言之，解决数据访问和质量问题是释放智能体潜力的关键。未来，我们需要投入更多资源和技术来应对这些挑战，为智能体和具身智能的发展提供坚实的基础，共同探索智能体技术的广阔前景。

13.1.2 逻辑编程的局限性

逻辑编程，作为一种基于逻辑推理的编程范式，在智能体的知识表示和推理系统中起着重要作用。虽然逻辑编程在这些领域中发挥重要作用，但是在智能体的应用中也有显著的局限性。

首先，逻辑编程严重依赖于严格的逻辑规则和结构，这在处理智能体遇到的模糊、不确定或非结构化的问题时可能显得力不从心。在现实世界的复杂环境中，智能体面对的许多问题具有不确定性和模糊性，这对逻辑编程构成了实质性挑战。

其次，逻辑编程通常需要明确和完整的知识表达。这意味着程序员需要具备深厚的领域知识，并且能够清晰、准确地描述问题的逻辑结构。然而，在许多情况下，智能体面临的问题往往具有逻辑结构上的复杂性或不明确性，这对程序员提出了较高的要求，同时也限制了逻辑编程在智能体设计中的应用范围。

再次，逻辑编程的执行效率可能会受到挑战。由于逻辑推理的复杂性，逻辑编程可能需要大量的计算资源和时间来解决问题，特别是在面对复杂或大规模问题时。这种低效率可能会影响智能体在实时或高性能计算需求场景中的应用。

最后，逻辑编程在灵活性和适应性方面可能不足以满足智能体的需求。与其他更为灵活和自我适应的编程范式（如机器学习和神经网络）相比，逻辑编程在应对环境变化和学习新知识方面可能存在局限。

综上所述，尽管逻辑编程在智能体的某些特定应用中表现出色，但是它的局限性在智能体的广泛应用中不容忽视。随着技术发展和新编程范式出现，逻辑编程可能需要与其他技术和方法相结合，如机器学习，从而有效地提升智能体的处理能力。

13.1.3　应用领域的多方面挑战

智能体，正悄悄地走入我们的生活，不管是在电子商务、医疗领域，还是在教育和智能交通领域，都展现出无尽的可能性。然而，任何新的探索都会遇到挑战，智能体也不例外。它面临的挑战来自技术、法律、伦理和社会，而要解决这些问题则需要我们通力合作。

在电子商务领域，智能体可能会面临系统架构的变化、玩家的响应、收入模型的影响和参与者的利益等问题。例如，智能体需要在不断变化的市场环境和用户需求中快速做出准确的决策，这对智能体的数据处理和决策能力提出了很高的要求。同时，不同的玩家和参与者可能有不同的利益与需求，如何平衡这些利益与需求，确保智能体能够公正、公平地服务于所有参与者，是一个重要的问题。

收入模型的影响，是另一个不容忽视的环节。智能体可能会改变现有的商业模式和收入模型。比如，通过自动化和智能化，它能降低人力成本，重塑价值链的布局。这可能会让收入的派分重新洗牌，影响每个参与者的利益。当然，智能体的应用也可能引起人们对法律和伦理的思考，比如数据隐私保护、用户权利和算法透明度等。

不仅如此，在其他领域，智能体也可能会遇到类似的挑战。比如，在医疗领域，它需要妥善处理海量敏感的个人健康数据，确保数据的安全和隐私得到保障。在教育领域，它的介入可能会影响教育资源的分配和教育质量，这都需要我们仔细地思考和评估。

总的来说，智能体在实际应用中面对的挑战复杂且多层次，我们需要从多角度出发，综合考虑技术、法律、伦理和社会等多方面的因素，以期找到应对这些挑战的途径，推动智能体技术健康发展和广泛应用。

13.1.4　决策过程中的偏见问题

随着智能体技术不断进步，决策过程中的偏见问题开始进入我们的视野。智能体通常依赖数据驱动的模型做出决策，但是，当输入的数据或模型本身带有偏见时，决策过程就可能走样了。

数据偏见对智能体的决策影响颇大。大量的训练数据是智能体做出决策的基石，但如果这些数据本身有偏见，或者数据分布不均，智能体的决策可能就会不自觉地流露出这些偏见。比如，如果训练智能体的数据主要来自某个特定群体，智能体的决策可能就会不由自主地倾向于这个群体的观点和需求，而对其他群体的需求视而不见。

模型偏见也是棘手的问题。就算数据公正，模型的设计和参数选择也可能导致偏见。比如，模型的优化目标和评估指标可能会左右决策的输出，让决策过程不自觉地倾向于某些特定的结果。

此外，智能体的决策过程可能会缺乏透明度和可解释性。智能体可能会利用算法和深度神经网络来做出决策，但这些模型的内部运作却常常让人捉摸不透。这可能会加重偏见，让用户和开发者难以识别和纠正潜在的偏见。

要解决决策过程中的偏见问题可得费些心思。首先，我们需要采集和使用公正、均衡、多样化的数据来训练和验证智能体的模型。其次，我们需要设计公正的模型和算法，以及开发可解释和可审计的 AI 系统，确保决策过程公正和透明。同时，加强对智能体决策过程的监督和评估，提高公众、开发者对偏见问题的认识，也是解决这个问题的关键。

总的来说，决策过程中的偏见问题是智能体技术发展中的一个重要课题。通过在多个方面的努力，我们有望降低偏见的影响，推动智能体技术朝着公正和可持续的方向发展。

13.1.5 处理复杂任务和理解人类意图的局限

智能体和具身智能的目标是在多种复杂环境中自主运作与做出决策。但是，现在的技术似乎还没有完全准备好，特别是在处理让人头疼的复杂任务和理解人类意图的时候，它们显得有点力不从心。

首先说一说处理复杂任务这个“大坑”。想象一下，自动驾驶、疾病诊断和复杂系统的管理，这些任务对智能体来说简直是超高难度的挑战。任务的环境多变且不确定，要求智能体能够快速理解复杂的情景，做出精准决策。但现实是，面对这些复杂任务，智能体往往摸不着头脑，缺乏深度理解和判断能力，显得有些力不从心。

其次，我们聊一聊理解人类意图这个难题。良好的人机交互需要智能体能够洞悉人类的意图和需求，为人类提供贴心的服务和支持。但理解人类意图可不是一件轻松的事，涉及语言理解、情感识别和社会文化因素等多个层面。虽然通过 NLP 技术，智能体在语言理解方面有了一些进步，但对于人类复杂的意图和情感，它们依然难以做出符合人类期望的决策和反应。

这些限制不仅让智能体在处理复杂任务时捉襟见肘，也让人机交互的效果大打折扣。想要跨越这些障碍，我们就要在技术、算法和数据等多个方面下功夫。比如，借助强化学习和深度学习这些“黑科技”，提高智能体的学习和适应能力。同时，收集和分析更多的数据，助力智能体更好地理解人类的意图。只有这样，我们才能推动智能体技术向前迈出一大步，让智能体在更多复杂的场景和任务中大展身手，为人类提供更准确、更高效的服务和支持。

13.2 技术的发展趋势

13.2.1 技术不断进步引领未来

技术的飞速进步，就像给智能体插上了一双翅膀，让它们在探索未知世界的天空里飞得更高、更远。随着时间的流逝，我们已经见证了一系列让人眼前一亮的技术突破，它们助力智能体展现出令人惊艳的能力。

首先，机器学习技术的快速发展为智能体提供了强大的学习与理解能力。在大数据的滋养与算法的引导下，智能体能够聪明地识别模式、理解自然语言，甚至在某些任务中超过了人类。比如，深度神经网络和强化学习算法让智能体在游戏、图像识别和 NLP 领域大放异彩。

其次，硬件技术的进步也给智能体的发展提供了支持。更快的处理器、更大的内存、更先进的计算平台让智能体能面对更复杂的任务和更大的数据集。新生的硬件架构，比如神经网络处理器（NPU）和量子计算机，让智能体在计算和优化的道路上走得更稳、更快。

再次，云计算和边缘计算技术的进步，为智能体提供了更丰富的运行平台。在云端，智能体可以访问大量的资源和服务，而通过边缘计算，智能体可以在离线或低带宽环境中运行，为实时应用和远程监控提供支持。

同时，网络和通信技术的进步为智能体之间的协作与通信提供了新的可能性，它们可以通过高速、低延迟的网络连接实时交流心得并共同完成任务，提高整个系统的效率和性能。

最后，数据安全和隐私保护技术的进步，为智能体提供了安全保障。新的加密和认证技术让智能体能更安全可信地处理数据，而隐私保护技术则让智能体在提供服务的同时，能够尊重和保护用户的隐私。

总的来说，技术的不断进步是智能体发展的得力助手。随着更多技术突破和应用实践出现，我们有理由期待，智能体将在更多领域发挥重要作用，为我们的生活和工作带来积极而美好的变革。

13.2.2 数据科学与 AI 技术的进步

随着数据科学和 AI 技术飞速发展，智能体的能力提高令人瞩目，应用范围逐渐扩展。这些进步不仅让智能体在数据处理和分析方面表现得游刃有余，还为它们在更多领域的应用敞开了大门。

谈到数据处理，现在的智能体能够游刃有余地处理各式各样的数据，无论是结构化数据、非结构化数据还是实时数据。借助大数据分析技术，智能体可以从数据中捕捉到宝贵的信息，为决策提供坚实的基础。比如，智能体能够深入分析消费者的购买记录和行为数据，为企业做出精准的市场预测和个性化的推荐方案。

实时数据处理技术，让智能体能够及时捕捉外部环境的变化，为组织快速地提供决策支持。以智能交通系统为例，智能体可以实时分析交通数据，为交通管理部门提供实时的交通情况分析和预警，助力改善城市的交通状况。

当然，深度学习、强化学习和其他先进的机器学习技术的不断进步，也为智能体的学习和适应能力提高注入了强劲的动力。这些技术让智能体能够在复杂多变的环境中快速学习和适应，展现出令人惊艳的表现。例如，通过强化学习，智能体可以在与环境的互动中不断地学习和优化策略，提高决策的准确度和效率。

总而言之，数据科学和 AI 技术的进步为智能体的成长提供了强有力的支撑，让它们能处理更多类型的数据，做出更准确和更有效的决策。这些进步拓宽了智能体的应用领域。随着技术不断进步和应用不断拓展，我们有理由期待，智能体将在更多领域大展身手，为人类社会的发展和进步贡献出更多的力量。

13.2.3 与其他先进技术的结合

智能体的发展不是孤立的，而是与诸多尖端技术共同发展的。它们的紧密结合，不仅赋予了智能体更多能力，还为解决棘手问题和技术创新提供了无限可能。

区块链技术构建了一个安全、透明且非常可靠的数据记录与交易平台，让智能体在充满信任的环境中自由交换信息和资源。借助区块链技术，智能体能够实现安全、高效的协作，同时为数据共享和隐私保护奠定了坚实的基础。

5G 和 6G 通信技术的出现为智能体的通信与协作提供了新的可能性。高速、低延迟的网络连接让智能体能够实时交换海量数据，从而大大地加快了决策和响应的速度。同时，这种网络也为智能体的远程控制和监控提供了有力的保障。

边缘计算和雾计算技术的进步，为智能体提供了全新的运行环境。通过边缘计算和雾计算，智能体可以在离线或弱网络连接环境中运行，从而可以被实时应用和远程监控。同时，它们也让智能体可以在本地处理和分析。

随着虚拟现实和增强现实技术的不断进步，智能体有了更先进、更自然的交互平台。借助虚拟现实和增强现实技术，智能体可以提供更丰富和更直观的交互体验。虚拟现实和增强现实技术也为智能体的训练与模拟提供了新的环境。

综上所述，与其他尖端技术的紧密结合为智能体的发展奠定了坚实的基础。跨领域的合作和技术融合，让我们有望在不远的未来见证智能体在更多领域大放异彩，为人类社会的进步做出更积极的贡献。